インプレス R&D ［NextPublishing］

技術の泉 SERIES
E-Book / Print Book

ゼロからはじめる CSS図形

林 智史 著

エンジニアからクリエーターに
スキルアップ！

CSSだけでここまでできる！
スキルを揃えてボスに挑戦！

技術の泉
SERIES

目次

はじめに ………………………………………………………………………………… 7
想定する読者 …………………………………………………………………………… 7
動作環境について ……………………………………………………………………… 8
リポジトリーとサポートについて …………………………………………………… 8
免責事項 ………………………………………………………………………………… 8
表記関係について ……………………………………………………………………… 8
底本について …………………………………………………………………………… 8

第1章 開発環境を作る ……………………………………………………………… 9

1.1 ブラウザーを開発環境にする(Windows) …………………………………… 9
STEP1 Microsoft Edge を起動する ……………………………………………… 9
STEP2 Google Chrome のダウンロードページを表示する …………………… 9
STEP3 利用規約に同意してインストール …………………………………… 10
STEP4 ダウンロードしたインストーラーを実行 …………………………… 10
STEP5 インストール完了 ……………………………………………………… 12

1.2 ブラウザーを開発環境にする(Mac) ……………………………………… 13
STEP1 Safari を起動する ……………………………………………………… 13
STEP2 Google Chrome のダウンロードページを表示する ………………… 13
STEP3 利用規約に同意してインストール …………………………………… 13
STEP4 ダウンロードしたインストーラーを実行する ……………………… 14
STEP5 Google Chrome.app をアプリケーションにドラッグ&ドロップする … 15
STEP6 インストーラーを取り出して終了させる …………………………… 16
STEP7 Google Chrome を起動する …………………………………………… 17

1.3 Web Maker を追加する(Windows/Mac 共通) ……………………………… 19
STEP1 ウェブストアで Web Maker を検索する ……………………………… 20
STEP2 Web Maker を Chrome に追加する …………………………………… 20
STEP3 このサイトの翻訳を OFF にする ……………………………………… 21
STEP4 Welcome 画面を閉じる ………………………………………………… 22

第2章　さっそく作ってみる　……………………………………………………………… 24

2.1　Web Makerで作る ……………………………………………………………… 24
- STEP1　コードを入力する …………………………………………………… 24
- STEP2　タイトルをつけて保存する …………………………………………… 25
- STEP3　まっさらな状態にする ………………………………………………… 25
- STEP4　保存した内容を読み込む ……………………………………………… 26
- STEP5　作ったデータをCodePenで開く ……………………………………… 27

2.2　CodePenで作る　1 ……………………………………………………………… 28
- STEP1　CodePenでSign Upする ……………………………………………… 28
- STEP2　メールアドレスでアカウントを取得する …………………………… 29
- STEP3　メールアドレスを確認する …………………………………………… 32

2.3　CodePenで作る　2 ……………………………………………………………… 34
- STEP1　新しいPenを作成する ………………………………………………… 34
- STEP2　Penの内容を入力する ………………………………………………… 36
- STEP3　Penを保存する ………………………………………………………… 37

2.4　CodePenの便利な機能 ………………………………………………………… 38
- STEP1　レイアウトをWeb Makerと同じにする ……………………………… 38
- STEP2　HTMLとCSSの入力欄を広くする …………………………………… 41
- STEP3　外部CSSとしてのPenを作る ………………………………………… 42
- STEP4　作ったPenの埋め込みコードを取得する …………………………… 47
- STEP5　共通テンプレートを作成する ………………………………………… 48

第3章　CSS図形の基本スキルを獲得する ……………………………………… 52

3.1　正方形 …………………………………………………………………………… 53
- STEP1　背景画像を設定する …………………………………………………… 54
- STEP2　正方形をふたつ作る …………………………………………………… 54
- STEP3　正方形のサイズを調整 ………………………………………………… 55
- STEP4　正方形の位置を調整 …………………………………………………… 56
- STEP5　全体を大きくして合わせる …………………………………………… 57
- STEP6　仕上げ …………………………………………………………………… 58
- クリア　スキル獲得!! …………………………………………………………… 59

3.2　角丸正方形 ……………………………………………………………………… 61
- STEP1　背景画像を設定する …………………………………………………… 62
- STEP2　正方形を作る …………………………………………………………… 63
- STEP3　正方形の位置をざっくり合わせる …………………………………… 64
- STEP4　正方形を傾ける ………………………………………………………… 65
- STEP5　正方形の位置とサイズを合わせる …………………………………… 66
- STEP6　正方形に角丸をつける ………………………………………………… 66
- STEP7　仕上げ …………………………………………………………………… 67
- クリア　スキル獲得!! …………………………………………………………… 69

3.3　正円 ……………………………………………………………………………… 70
- STEP1　背景画像を設定する …………………………………………………… 71
- STEP2　正方形を作る …………………………………………………………… 72
- STEP3　正方形の位置を合わせる ……………………………………………… 73
- STEP4　正方形の位置とサイズを合わせる …………………………………… 74
- STEP5　角丸を作る ……………………………………………………………… 75
- STEP6　仕上げ …………………………………………………………………… 76
- クリア　スキル獲得!! …………………………………………………………… 77

3.4　扇形 ……………………………………………………………………………… 79

		STEP1	背景画像を設定する………………………………………………	80
		STEP2	大きい円を作成する………………………………………………	80
		STEP3	円の位置とサイズを合わせる……………………………………	81
		STEP4	扇形を作る…………………………………………………………	82
		STEP5	扇形の不要な部分をカットする…………………………………	83
		STEP6	センターの小さい円を作る………………………………………	84
		STEP7	仕上げ………………………………………………………………	86
		クリア	スキル獲得!!………………………………………………………	88
	3.5	角丸長方形………………………………………………………………………		91
		STEP1	背景画像を設定する………………………………………………	92
		STEP2	輪っかを作る………………………………………………………	92
		STEP3	輪っかの位置をざっくり合わせる………………………………	94
		STEP4	ズームを大きくする………………………………………………	95
		STEP5	輪っかのサイズと位置を調整する………………………………	95
		STEP6	連結部を作る………………………………………………………	97
		STEP7	仕上げ………………………………………………………………	98
		クリア	スキル獲得!!………………………………………………………	100
	3.6	楕円………………………………………………………………………………		102
		STEP1	背景画像を設定する………………………………………………	103
		STEP2	楕円を3つ作る……………………………………………………	104
		STEP3	楕円の位置をざっくり合わせる…………………………………	106
		STEP4	ズームをしてサイズを位置を合わせる…………………………	107
		STEP5	中央をカットし、棒を作る………………………………………	109
		STEP6	仕上げ………………………………………………………………	111
		クリア	スキル獲得!!………………………………………………………	114
	3.7	楕円扇形…………………………………………………………………………		116
		STEP1	背景画像を設定する………………………………………………	117
		STEP2	長方形を作る………………………………………………………	118
		STEP3	長方形の位置をざっくり合わせる………………………………	119
		STEP4	長方形のサイズと位置を合わせる………………………………	121
		STEP5	刃をカットする楕円扇形を作る…………………………………	122
		STEP6	ふたつの長方形で棒を作る………………………………………	123
		STEP7	仕上げ………………………………………………………………	124
		クリア	スキル獲得!!………………………………………………………	126
	3.8	台形………………………………………………………………………………		129
		STEP1	背景画像を設定する………………………………………………	130
		STEP2	長方形を作る………………………………………………………	130
		STEP3	ボーダーを侵食させて斜めの境界線を作る……………………	131
		STEP4	長方形の位置を合わせる…………………………………………	132
		STEP5	長方形のサイズと位置を合わせる………………………………	133
		STEP6	右側の台形を作る…………………………………………………	134
		STEP7	仕上げ………………………………………………………………	136
		クリア	スキル獲得!!………………………………………………………	137
	3.9	三角形……………………………………………………………………………		139
		STEP1	背景画像を設定する………………………………………………	140
		STEP2	長方形を作る………………………………………………………	141
		STEP3	長方形の位置を合わせる…………………………………………	142
		STEP4	長方形のサイズと位置を合わせる………………………………	143
		STEP5	左側の三角形を作る………………………………………………	144
		STEP6	右側の三角形を作る………………………………………………	146
		STEP7	仕上げ………………………………………………………………	147

　　　　　クリア　スキル獲得!! ··· 149
3.10　**直角三角形** ··· 151
　　　STEP1　背景画像を設定する ··· 152
　　　STEP2　長方形を作る ·· 153
　　　STEP3　長方形の位置を合わせる ··· 154
　　　STEP4　長方形のサイズと位置を合わせる ··· 155
　　　STEP5　三角形を作る ·· 156
　　　STEP6　右側の三角形を作る ··· 158
　　　STEP7　仕上げ ·· 159
　　　　　クリア　スキル獲得!! ··· 161
3.11　**正三角形** ··· 163
　　　STEP1　背景画像を設定する ··· 164
　　　STEP2　長方形を作る ·· 165
　　　STEP3　長方形の位置を合わせる ··· 166
　　　STEP4　長方形のサイズを合わせる ·· 167
　　　STEP5　三角形を作る ·· 168
　　　STEP6　三角形をもうひとつ作る ··· 168
　　　STEP7　仕上げ ·· 169
　　　　　クリア　スキル獲得!! ··· 171
3.12　**平行四辺形** ··· 173
　　　STEP1　背景画像を設定する ··· 174
　　　STEP2　長方形を作る ·· 174
　　　STEP3　長方形の位置を合わせる ··· 175
　　　STEP4　長方形のサイズと位置を合わせる ··· 176
　　　STEP5　左下の羽を作る ··· 177
　　　STEP6　仕上げ ·· 179
　　　　　クリア　スキル獲得!! ··· 180
3.13　**菱形** ··· 182
　　　STEP1　背景画像を設定する ··· 183
　　　STEP2　長方形を作る ·· 184
　　　STEP3　長方形の位置を合わせる ··· 185
　　　STEP4　長方形のサイズと位置を合わせる ··· 186
　　　STEP5　長方形をゆがめる ·· 187
　　　STEP6　仕上げ ·· 187
　　　　　クリア　スキル獲得!! ··· 189
3.14　**二等辺三角形** ··· 191
　　　STEP1　背景画像を設定する ··· 192
　　　STEP2　長方形を作る ·· 193
　　　STEP3　長方形の位置を合わせる ··· 194
　　　STEP4　長方形のサイズと位置を合わせる ··· 195
　　　STEP5　三角形を作る ·· 196
　　　STEP6　三角形をふたつ作る ··· 198
　　　STEP7　仕上げ ·· 199
　　　　　クリア　スキル獲得!! ··· 201

第4章　全力で挑むボス戦 ……………………………………………… 203

4.1　海のボス - キングクラブ ………………………………………… 203
- STEP1　背景画像を設定する …………………………………… 204
- STEP2　目を作る ………………………………………………… 205
- STEP3　ハサミを作る …………………………………………… 207
- STEP4　手足の根元を作る ……………………………………… 208
- STEP5　足の先を作る …………………………………………… 210
- STEP6　甲羅を作る (台形) ……………………………………… 212
- STEP7　甲羅を作る (二等辺三角形) …………………………… 214
- STEP8　全体をラップする ……………………………………… 215
- STEP9　半分まるごとコピーする ……………………………… 217
- STEP10　仕上げ ………………………………………………… 218
- クリア　召喚獣[キングクラブ]を獲得!! …………………… 224

4.2　空のボス - ハミングバード ……………………………………… 224
- STEP1　背景画像を設定する …………………………………… 225
- STEP2　体を作る ………………………………………………… 226
- STEP3　尾を作る ………………………………………………… 228
- STEP4　翼を作る ………………………………………………… 230
- STEP5　頭と目を作る …………………………………………… 231
- STEP6　くちばしを作る ………………………………………… 233
- STEP7　花を作る (花びら) ……………………………………… 236
- STEP8　花を作る (花の根元と枝) ……………………………… 237
- STEP9　仕上げ …………………………………………………… 239
- クリア　召喚獣[ハミングバード]を獲得!! ………………… 247

4.3　陸のボス - カメレオン …………………………………………… 247
- STEP1　背景画像を設定する …………………………………… 248
- STEP2　頭を作る ………………………………………………… 249
- STEP3　目を作る ………………………………………………… 252
- STEP4　口を作る ………………………………………………… 254
- STEP5　体を作る ………………………………………………… 256
- STEP6　尾を作る（だんだん細くなる）……………………… 257
- STEP7　尾を作る（うず巻き）………………………………… 259
- STEP8　枝を作る ………………………………………………… 262
- STEP9　手足を作る ……………………………………………… 264
- STEP10　仕上げ ………………………………………………… 266
- クリア　召喚獣[カメレオン]を獲得!! ……………………… 274

あとがき …………………………………………………………………… 275
謝辞 ………………………………………………………………………… 275

はじめに

　ようこそ。CSS図形の世界へ！！
　ここ10年間における「Web関連技術」の進歩は目覚ましく、とどまるところを知りません。そして「CSS」も、CSS3になって、本来「デザイナーに画像を作ってもらう」ことでしか対応できなかった表現が、どんどんCSSだけで実現できるようになってきています。また、JavaScriptでしかできなかった「動き」に関することも、CSSアニメーションで実現可能となり、CSSの能力は拡大し続けています。
　「平成時代」が終わり「令和時代」になる、これからのフロントエンドにおいて、CSSアニメーションが盛り上がる兆しを感じています。そして、CSSアニメーションをいくつか作るにあたって、次第に痛感してくることがあります。それは、「CSSだけでどれだけの図形が表現できるのか？」ということです。もしCSSだけで図形が表現できない場合は、デザイナーさんに新たに画像を作ってもらう必要があります。「なるべくなら、CSSだけで済ませたい」その限界に挑戦するのが「CSS図形」のはじまりです。ということで、この本は、CSSで様々な図形を作っていきます。
　この本は、「CSS図形に取り組む人口を増やしたい」という思いがありまして、入門編という位置づけになっています。そのため、画面キャプチャやソースコードが盛り盛りの構成で書かれています。ぜひぜひ、CSS図形の世界を楽しんでいってください。

想定する読者

　本書では、次のような読者を想定しています。

想定する読者

- HTMLとCSSとJavaScriptは分かるけど、お仕事でやった範囲でしか触っていない方
- JavaScriptよりもCSSに興味がある方
- もっとフロントエンドの深みを知りたい方
- CSSアニメーションに興味があるので、まずは動かないCSS図形から勉強したい方

動作環境について

なるべく新しい環境を想定しています。

- OS
  - Windows環境「Windows10」
  - Mac環境「macOS Sierra」または「OS X Mavericks」
- Webブラウザー
  - Google Chrome v.73 以降

リポジトリーとサポートについて

本書に掲載されたコードと正誤表などの情報は、次のURLで公開しています。

- https://0css.github.io/index.html

免責事項

本書に記載された内容は、情報の提供のみを目的としています。したがって、本書を用いた開発、製作、運用は、必ずご自身の責任と判断によって行ってください。これらの情報による開発、製作、運用の結果について、著者はいかなる責任も負いません。

表記関係について

本書に記載されている会社名、製品名などは、一般に各社の登録商標または商標、商品名です。会社名、製品名については、本文中では©、®、™マークなどは表示していません。

底本について

本書籍は、技術系同人誌即売会「技術書典6」で頒布されたものを底本としています。

第1章 開発環境を作る

1.1 ブラウザーを開発環境にする(Windows)

　CSS図形をはじめるにあたって、特別な開発環境は必要ありません。身近なブラウザーを開発環境にします。※Mac環境での解説もあります

STEP1　Microsoft Edgeを起動する

　PCに標準でインストールされている、Webブラウザーを開きます。①デスクトップの左下にある「スタートボタン」(田のマーク)をクリックして、②「Microsoft Edge」をクリックします。

図1.1: Microsof Edgeを起動する

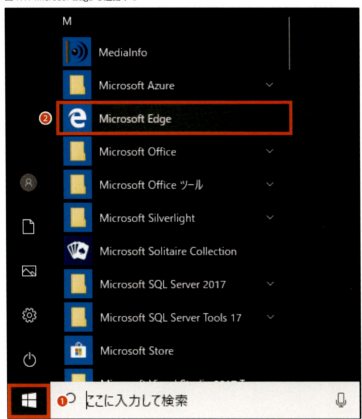

STEP2　Google Chromeのダウンロードページを表示する

　ブラウザーで、Google Chromeのダウンロードページにアクセスします。①URLとして「https:/

/www.google.co.jp/chrome/」を入力し、「Enter」キーを押します。②「Chromeをダウンロード」
をクリックします。

図1.2: Google Chromeのダウンロードページを表示する

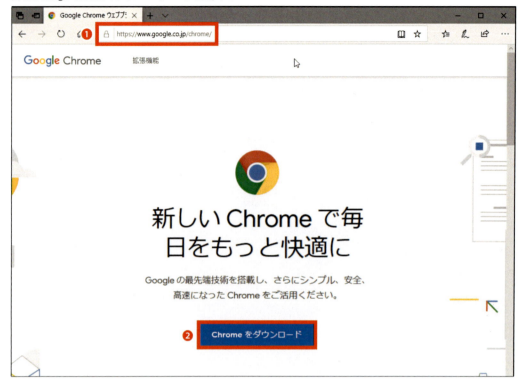

STEP3　利用規約に同意してインストール

利用規約が表示されます。内容をよく読んでから、①「同意してインストール」をクリックします。

図1.3: 利用規約に同意してインストール

STEP4　ダウンロードしたインストーラーを実行

Chromeのインストーラーがダウンロードされます。ダウンロードが終わったら、①「実行」を

クリックします。

図1.4: ダウンロードしたインストーラーを実行

ユーザーアカウント制御が表示される場合は、②「はい」をクリックします。

図1.5: ユーザーアカウント制御

インストールが開始されます。このまましばらく待ちます。

図1.6: インストール中

STEP5　インストール完了

インストールが完了すると、自動的にChromeが起動します。

図1.7: インストール完了

ちなみに、今回はインストーラーがChromeを自動起動してくれましたが、次回はどこから起動するのでしょうか？

それは、①デスクトップの左下にある「スタートボタン」(田のマーク) をクリックして、②「Google Chrome」をクリックして起動します。

図1.8: Google Chromeを起動させる

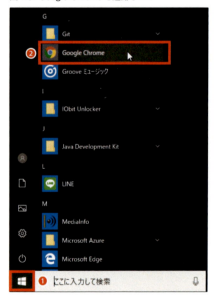

これで、Windows環境での「Google Chrome」のインストールは完了です。お疲れ様でした。

1.2 ブラウザーを開発環境にする (Mac)

MacでGoogle Chromeをインストールします。インストール後の片付けも行います。

STEP1　Safariを起動する

PCに標準でインストールされている、Webブラウザーを開きます。画面下のDockにある、①「Safari」のアイコンをクリックします。

図1.9: Safariを起動する

STEP2　Google Chromeのダウンロードページを表示する

ブラウザーで、Google Chromeのダウンロードページにアクセスします。①URLとして「https://www.google.co.jp/chrome/」を入力し、「Enter」キーを押します。②「Chromeをダウンロード」をクリックします。

図1.10: Google Chromeのダウンロードページを表示する

STEP3　利用規約に同意してインストール

利用規約が表示されます。内容をよく読んでから、①「同意してインストール」をクリックします。

図 1.11: 利用規約に同意してインストール

STEP4　ダウンロードしたインストーラーを実行する

　Chrome のインストーラーがダウンロードされます。ダウンロードが終わったら、①ブラウザー右上にある (↓) マークをクリックし、ダウンロードファイル一覧を表示します。ダウンロードファイル一覧の中から②「googlechrome.dmg」をクリックします。

図 1.12: ダウンロードしたインストーラーを実行する

　dmg ファイルが実行されて、インストーラーが開きます。

図1.13: インストーラーが開く

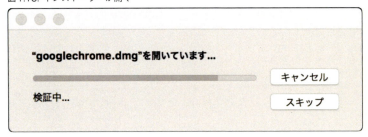

STEP5　Google Chrome.appをアプリケーションにドラッグ&ドロップする

　インストーラーが開いたら、①「Google Chrome.app」を ②「アプリケーション」にドラッグ&ドロップします。

　※アプリケーションの上に「.keystone_install」が重なっていて、ドロップの邪魔です。あらかじめ、マウスで横にどかしておくとスムーズです

図1.14: Google Chrome.app をアプリケーションにドラッグする

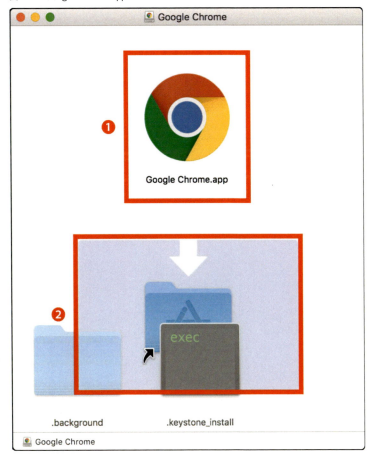

「Google Chrome.app」が、アプリケーションにコピーされます。

図 1.15: Google Chrome.app をアプリケーションにコピー

コピーが終わったら、③インストーラーのウィンドウを閉じます。

図 1.16: インストーラーのウィンドウを閉じる

STEP6　インストーラーを取り出して終了させる

　①デスクトップ上に残ったインストーラーを右クリックして、②「"Google Chrome"を取り出す」をクリックします。

図1.17: インストーラーを取り出して完了させる

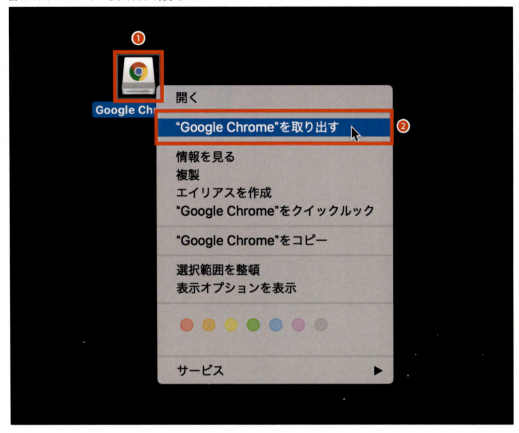

STEP7　Google Chromeを起動する

①画面下部のDockから、アプリケーションをクリックします。②アプリケーションの中から、「Google Chrome.app」をクリックします。

図 1.18: Google Chrome.app をアプリケーションにコピー

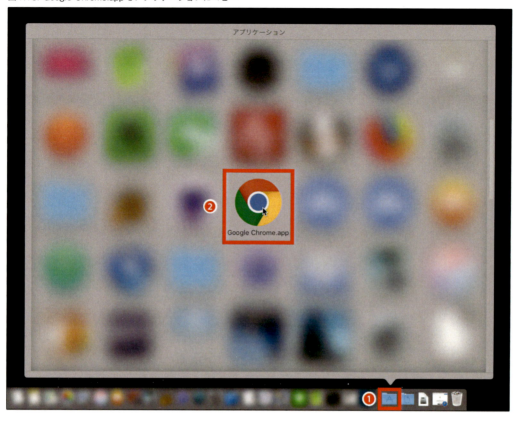

初回起動なので、セキュリティー確認のウィンドウが表示されます。①「開く」をクリックします。

図 1.19: セキュリティー確認

初期設定の確認ウィンドウが表示されます。①ここではふたつともチェックを外して、②「Google Chrome を起動」をクリックします。

図 1.20: 初期設定

Google Chrome が起動します。

図 1.21: Google Chrome が起動する

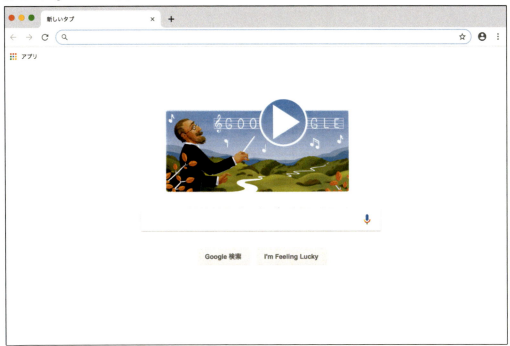

これで、Mac 環境での「Google Chrome」のインストールは完了です。お疲れ様でした。

1.3　Web Maker を追加する (Windows/Mac 共通)

Chrome に便利な機能を追加します。※これ以降は Windows と Mac 共通の説明です

STEP1　ウェブストアでWeb Makerを検索する

①Chromeを起動させ、ウェブストア「https://chrome.google.com/webstore/category/extensions?hl=ja」にアクセスします。②左上の検索Boxに「Web Maker」と入力して、Enterキーを押します。

図1.22: ウェブストアでWeb Makerを検索する

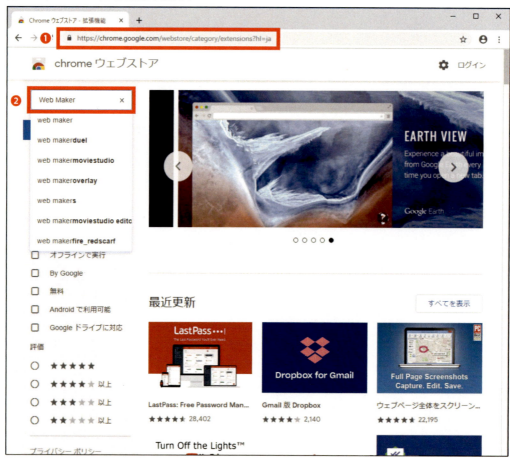

STEP2　Web MakerをChromeに追加する

オレンジ色の正三角形がふたつあるロゴマークが目印です。①Web Makerの欄にある「Chromeに追加」をクリックします。

図 1.23: Web Maker を Chrome に追加する

確認のメッセージが出るので、②「拡張機能を追加」をクリックします。

図 1.24: 追加の確認

Web Maker が追加されると、初期ページが開きます。英語サイトと判定されるので、Chrome から翻訳するのか確認が出ます。

図 1.25: 追加完了

STEP3　このサイトの翻訳を OFF にする

特に翻訳は必要ないので、①「オプション」から②「このサイトは翻訳しない」をクリックします。

図1.26: このサイトの翻訳をOFFにする

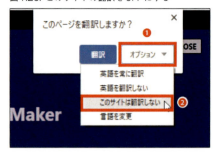

STEP4　Welcome画面を閉じる

右上の①「CLOSE」をクリックして、Welcome画面を閉じます。

図1.27: Webcome画面を閉じる

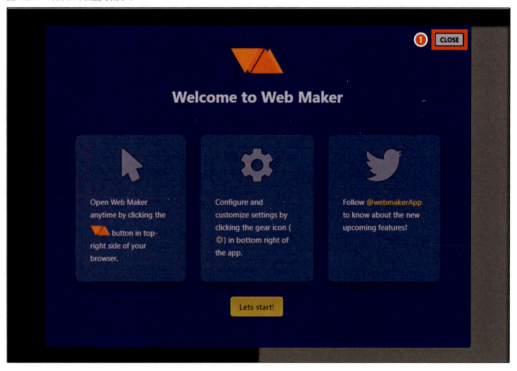

Web Makerの編集画面が表示されます。次回からWeb Makerを起動するには、②右上のツールバーから「オレンジのアイコン」をクリックします。

図1.28: Web Makerの編集画面

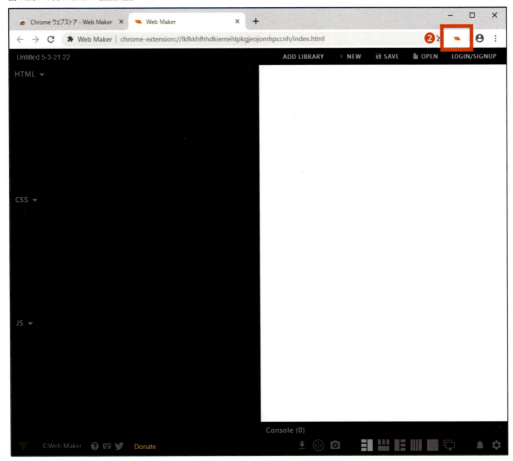

これで「Web Maker」のインストールは完了です。お疲れ様でした。

第2章　さっそく作ってみる

2.1　Web Makerで作る

開発環境が整いました。さっそくCSS図形を作っていきましょう。

STEP1　コードを入力する

Web Makerは「HTML」と「CSS」と「JS」の3つの入力欄を持っています。「HTML」は「骨格」を、「CSS」は「見た目」を、「JS」は「動き」を記述します。
※CSS図形では「HTML」と「CSS」のふたつを使用します
サンプルとして、次のコードを入力します。

HTML
```
1: <div class="sample1"></div>
```

CSS
```
1: .sample1 {
2:   width: 200px;
3:   height: 200px;
4:   border: solid 1px #000000;
5:   background-color: #ff0000;
6: }
```

右側の描画ゾーンに、赤い正方形が描画されればOKです。

図2.1: 赤い正方形

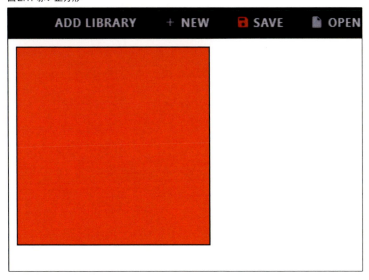

STEP2　タイトルをつけて保存する

　作った内容を保存します。①左上にある「Untitled X-XXX:XX」という仮の名前をクリックし、「サンプル1」と入力します。②「SAVE」をクリックします。

図2.2: 赤い正方形

STEP3　まっさらな状態にする

　それでは、きちんと保存されているのか確認するため、一度まっさらな状態にします。右上にある①「NEW」をクリックします。

図2.3: 新規作成をする

　テンプレートが表示されます。今回は、②「Start a blank creation」をクリックします。

図2.4: テンプレート選択

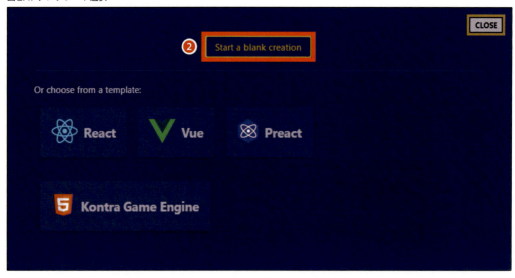

STEP4　保存した内容を読み込む

　まっさらな状態になったので、①「OPEN」をクリックします。

図2.5: まっさらな状態からOPENする

　右からスーっとメニューが出てきます。保存しておいた②「サンプル1」をクリックします。

図2.6: 保存されたデータリスト

　おおおお！できてます！無事にデータが復元できました。

図 2.7: 保存したデータが復元される

　実はこのデータは、PC ごとに保存されるので、「エクスポート」して「インポート」しないと、別の PC では作業できません。このクラウド時代に、少々面倒くさい印象があります。そこで、もっと便利に使うために、CodePen を利用します。

STEP5　作ったデータを CodePen で開く

　日々、情報収集に熱心な方は、もしかすると技術記事のサンプルコードとして「CodePen」を見たことがあるかもしれません。Web Maker では、CodePen への連携も可能です。下部にある①「Edit on CodePen」をクリックします。

図 2.8: 作ったデータを CodePen で開く

　これで、CodePen の編集画面に作ったデータが反映されます。せっかくですので、CodePen のアカウントを作ります。アカウントを作ることで、インターネット上にデータを保存できるようになります。

第 2 章　さっそく作ってみる　　27

図 2.9: CodePen にデータが反映される

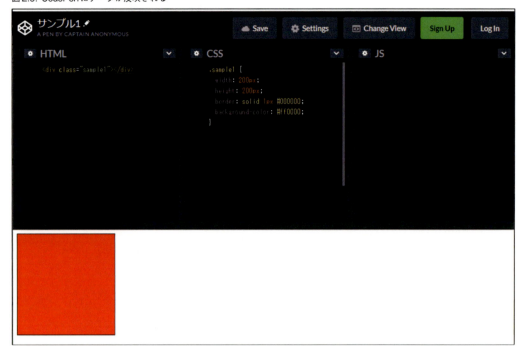

2.2 CodePen で作る 1

CodePen でネット上にデータを保存して、いつでもどこでも開発環境にしてしまいましょう。

STEP1　CodePen で Sign Up する

右上にある ①「Sign Up」をクリックします。

図 2.10: Sign Up をクリックする

※もし、CodePen のトップページから Sign Up したい場合は、②「https://codepen.io/」にアクセスして ③「Sign Up」をクリックします。

図2.11: CodePen のトップページから Sign Up する

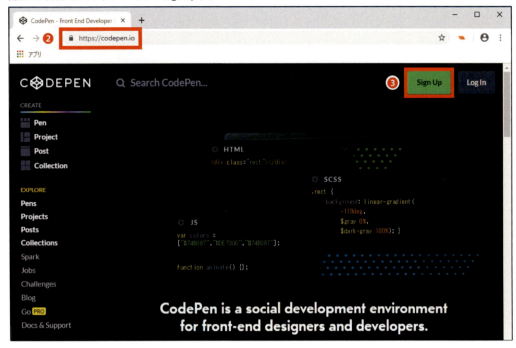

STEP2　メールアドレスでアカウントを取得する

今回は、メールアドレスで登録します。①「Sign Up with Email」をクリックします。

図2.12: Email で Sign Up する

②入力欄が表示されます。

YOUR NAME	自分の名前を入れます
CHOOSE A USERNAME	CodePen 内で使用する名前を入れます
EMAIL	このアカウントと紐づけるメールアドレスを入れます
CHOOSE PASSWORD	自分で決めたパスワードを入れます

第2章　さっそく作ってみる　29

③「Submit」をクリックします。

図 2.13: アカウント情報を入力する

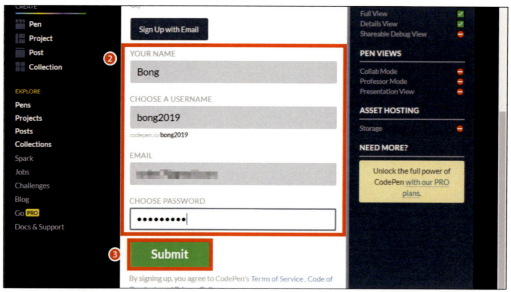

Bot 対策のため、もうひと手間クリックする必要があります。④指示された通りにクリックします。

図 2.14: reCAPTCHA の対応をする

アカウントの登録が成功すると、プロフィール入力画面が表示されます。

図2.15: プロフィール入力画面

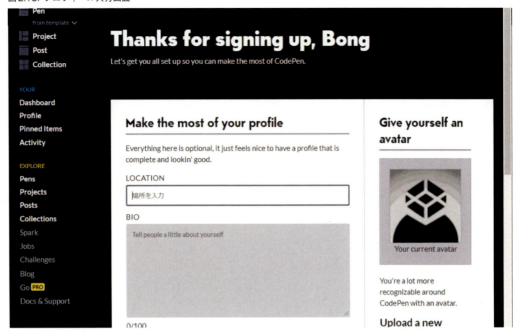

これらは任意入力の項目なので、入力する必要はありません。そのまま ⑤「Save & Continue」をクリックします。

図2.16: プロフィールを保存する

まっさらな編集画面が表示されます。

図2.17: まっさらな編集画面

STEP3　メールアドレスを確認する

　最後に、メールアドレスの確認をします。アカウントに登録したメールアドレスに、①「確認用のメール」が届いているはずです。もし届いていない場合は、迷惑メールのフォルダーに入っていないか確認します。

図2.18: 確認メール

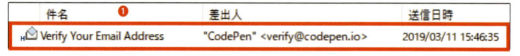

メールを開いたら ②「Click to Verify Email」をクリックします。

図2.19: 確認メールの内容

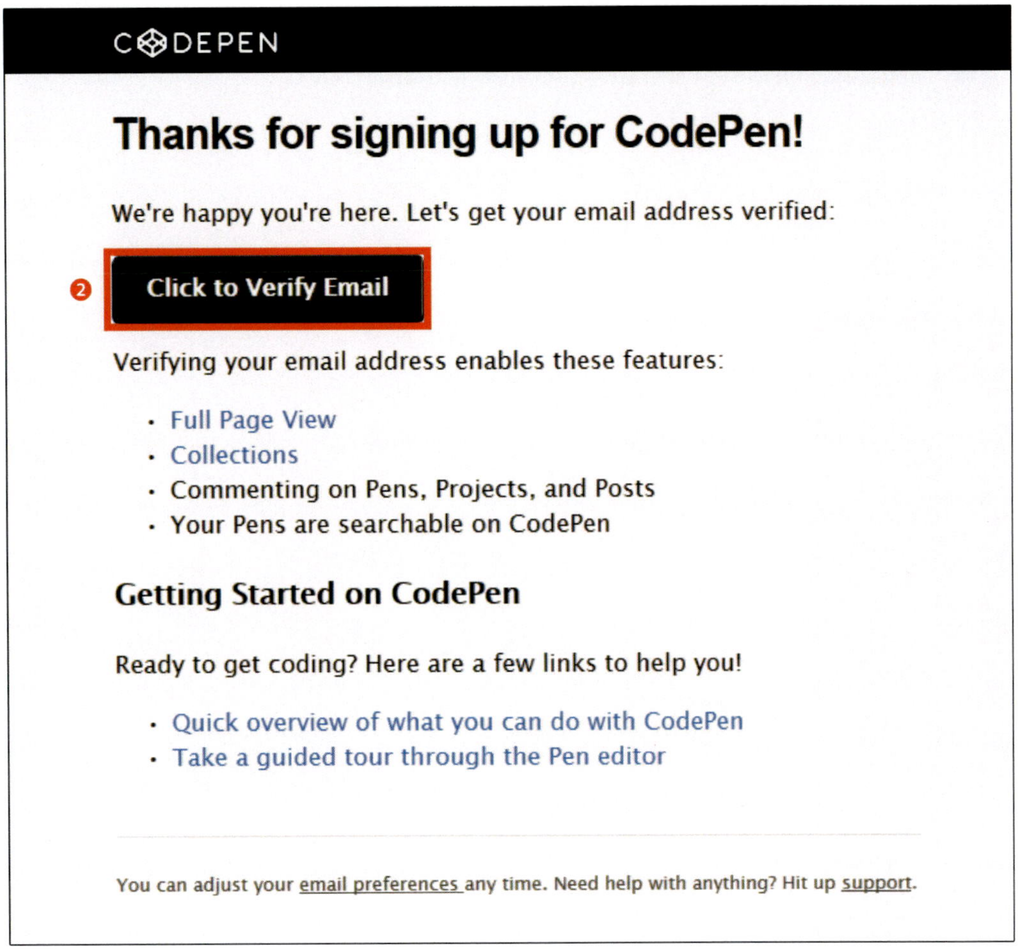

③「Your email has been verified.」というメッセージが表示されたら、確認完了です。

図2.20: メールアドレス確認完了

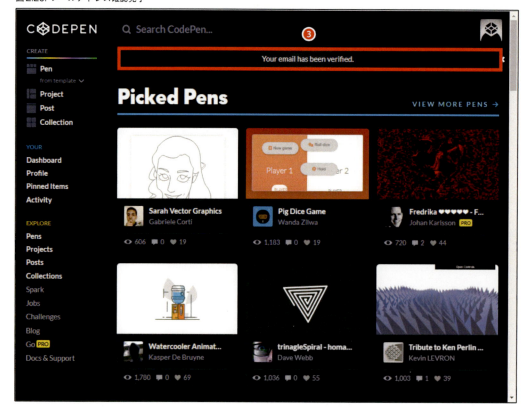

2.3 CodePenで作る　2

アカウントの設定が完了しました。どんどんCodePenでCSS図形を作っていきましょう。

STEP1　新しいPenを作成する

さっそくCodePenを使っていきます。左のメニューの「CREATE」から ① 「Pen」をクリックします。

図 2.21: トップページ

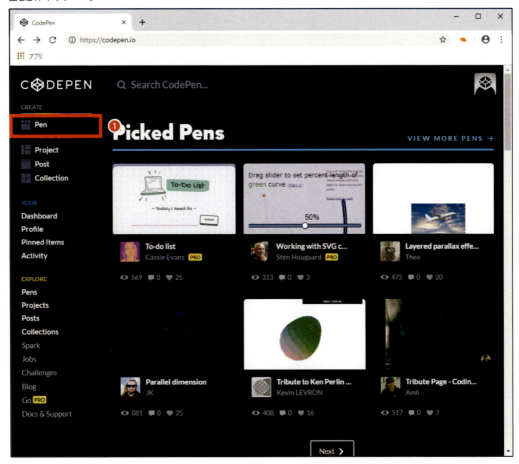

編集画面の各機能は、次の通りです。

②「Untitled」このPenのタイトルです。初期値として「Untitled」が入力されています。

③「Save」保存ボタンです。

④「Settings」詳細設定です。外部のCSSやJSを参照したり、使用するフレームワークを設定できます。今回はCSSやJSのフレームワークは使用しませんが、外部CSSを参照します。

⑤「Change View」編集画面のレイアウトを変更できます。Chromeの拡張Web Makerの編集画面と同じレイアウトにすることもできます。

⑥「HTML」 HTMLコードを入力します。SlimやHugでの記述も使用可能です。

⑦「CSS」 CSSコードを入力します。SassやStylusでの記述も使用可能です。

⑧「JS」 JavaScriptコードを入力します。TypeScriptやCoffeeScriptでの記述も可能です。

⑨「View」 描画結果が表示されます。iframeで表示されるので、完全に独立した領域です。

⑩「Console」 Console.logの出力結果を表示します。

⑪「Assets」 画像やフォントなどのアセットを選択します。

⑫「ShortCuts」 キーボードのショートカットを表示します。

図2.22: 編集画面

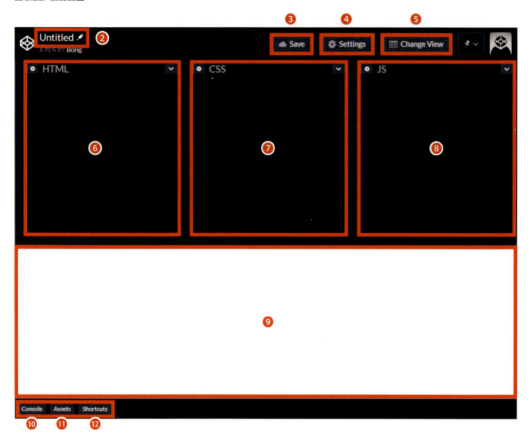

STEP2　Penの内容を入力する

　まずはタイトルを付けます。①左上の鉛筆マークをクリックして「Hello, CodePen World!」と入力します。②サンプルとして、次のコードを入力します。

HTML

```
1: <div class="hello">こんにちは</div>
```

CSS

```
1: .hello {
2:   width: 100px;
3:   height: 100px;
4:   border: solid 1px #000000;
5:   background-color: #ffff00;
6: }
```

図2.23: タイトルをつける

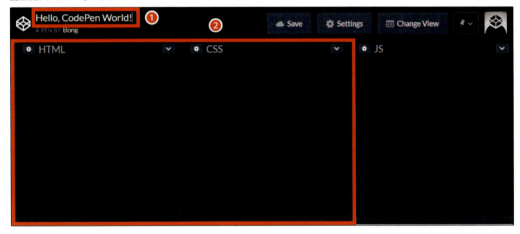

HTMLを入力する場合「<div></div>」とまじめに入力しても良いのですが、「div」と打った直後に「Tab」キーを押すと「<div></div>」に変換されます。とても便利ですね〜。

ちなみに「ul>li*3」と打った直後に「Tab」キーを押すと、「<ul><li></li><li></li><li></li></ul>」に変換されます。

これは「Emmet」という便利機能です。もっと詳しい「Emmet」の記法を勉強したい方は「https://docs.emmet.io/cheat-sheet/」にアクセスしてみてください。

STEP3　Penを保存する

最後に、①「Save」をクリックして保存します。

図2.24: 保存する

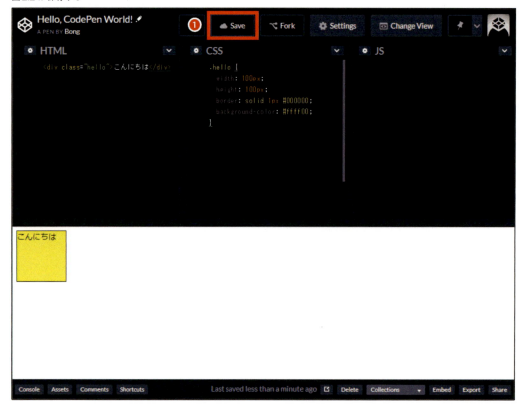

　これでPenの保存が完成です。CodePenには、もっと便利な機能がありますので、次のページから説明していきます。

2.4　CodePenの便利な機能

　CodePenには、たくさんの便利機能があります。今後、よく使用するものをピックアップします。

STEP1　レイアウトをWeb Makerと同じにする

　CodePenの編集画面は、ユーザーのお好みでカスタマイズできます。「私はCodePenの編集画面より、Web Makerの編集画面の方が好き」という方がいらっしゃるかもしれません。そこで、試しにレイアウトをWeb Makerと同じ表示にしてみます。ますは、右上の①「Change View」をクリックします。

図2.25: Change View をクリック

View周りのメニューが表示されます。②「Editor Layout」から一番左のアイコンをクリックします。

図2.26: Editor Layoutを変更

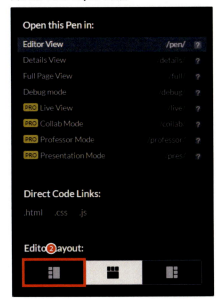

これでWeb Makerと同じ編集画面になりました。この本では、標準のレイアウトで説明していきますが、ご自身のお好みのレイアウトで作業してください。

図2.27: 左側で編集

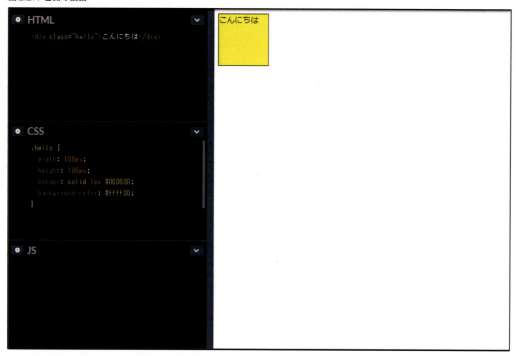

図2.28: 右側で編集

STEP2　HTMLとCSSの入力欄を広くする

　CSS図形では、JSの入力欄は使用しません。使わない領域がもったいないので、JSの入力欄を閉じてHTMLとCSSを広く使います。①マウスで境界線を右にドラッグして調節します。

図2.29: 境界を右にドラッグする

　これで編集画面が広く使えますね〜HTMLとCSSに集中できそうです。

図2.30: HTMLとCSSのみ表示

　ここでURLに注目してください。パラメータが「editors=1100」となっています。

この「1100」という4桁の数字には、表示フラグとしての意味があります。今回の場合は、次の表の意味になります。

1	「HTML」を展開して表示	
1	「CSS」を展開して表示	
0	「JS」を畳んで表示	
0	「Console」を畳んで表示	

このURLを、「Chromeのシークレットウィンドウ」か「FireFoxなどの別のブラウザー」で開くと、「HTML」と「CSS」が展開した状態で開きます。

図2.31: URLパラメータを指定した状態で表示

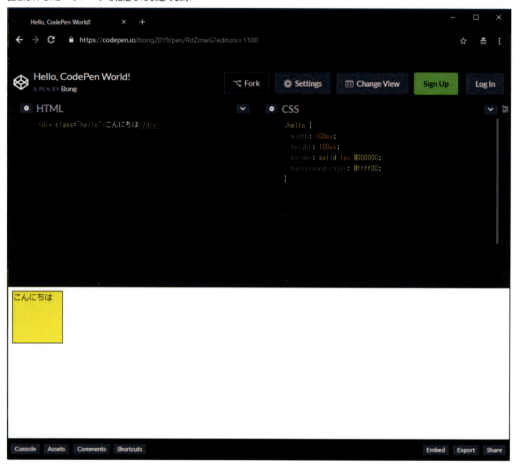

STEP3　外部CSSとしてのPenを作る

実はCodePenでは、URLの末尾を「.html」や「.css」を変えることで、「HTML」や「CSS」や「JS」

そのものを取得できます。とはいえ、毎回URLを手入力で加工するのは面倒です。

そこで「Change View」の ①「Direct Code Links」から「.html」「.css」「.js」をクリックすると、別タブで開いてくれる機能があります。

図2.32: Direct Code Links

図2.33: HTMLを取得

図2.34: CSSを取得

これはつまり、CodePenを「HTML」や「CSS」や「JS」の「ファイル置き場」として利用できるということです。

それでは実際に、「全画面で共通で使用するCSS」を定義しておいて、呼び出してみましょう。②右上のアイコンをクリックしてメニューを表示させ、③「New Pen」をクリックします。

図 2.35: 右上のアイコンから新しい Pen を作成

④「CSS」として次のコードを設定します。

CSS
```
1: body {
2:   margin: 0;
3: }
```

タイトルに⑤「共通 CSS」と設定して、⑥最後に「Save」をクリックします。保存が完了すると⑦URL が発行されます。

図 2.36: 共通 CSS が完成

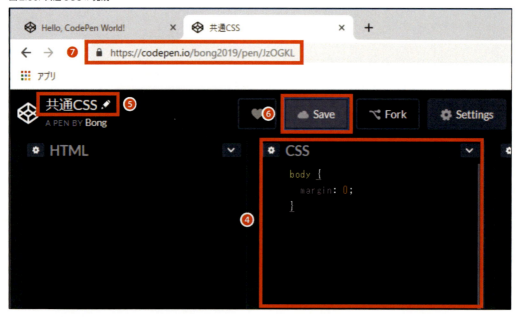

「Change View」をクリックして、メニューを表示させます。「Direct Code Links」から⑦「.css」をクリックします。

図2.37: CSSのURLを開く

　ブラウザーの新しいタブが開き、CSSが取得できます。これで、⑧共通CSSのURL「https://codepen.io/bong2019/pen/JzOGKL.css」となりました。

図2.38: CSSのURLを確認

　それでは、再び「Hello, CodePen World!」を表示させます。「CSS」の入力欄左上の⑨「歯車マーク」をクリックします。

図2.39: CSSの設定を開く

　⑩「Add External Stylesheets/Pens」に先ほど調べておいた共通CSSのURL「https://codepen.io/bong2019/pen/JzOGKL.css」を設定します。⑪「Sava & Close」をクリックして保存します。

第2章　さっそく作ってみる　　45

図 2.40: 共通 CSS の URL を設定

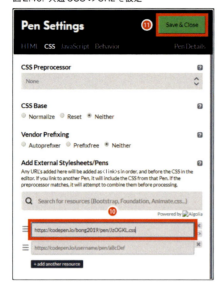

これで、左上に空いていた余白が無くなるはずです。描画結果を見てみると、黄色の正方形が、隙間なく左上に表示されるのが確認できます。

図 2.41: 共通 CSS 適用後

STEP4 作ったPenの埋め込みコードを取得する

せっかくオリジナルのPenができたので、Qiitaなどのブログに埋め込みたいものです。まずは、右下の①「Embed」をクリックします。

図2.42: Embedをクリック

いろいろ設定できますが、次を抑えておけば大丈夫です。

②「Default State」・・・初期状態を設定できます。初期ロードが重いPenを埋め込む場合は、チェックを入れておきます。チェックを入れると、埋め込んだPenをクリックするまで実行されません。

図2.43: 埋め込み設定

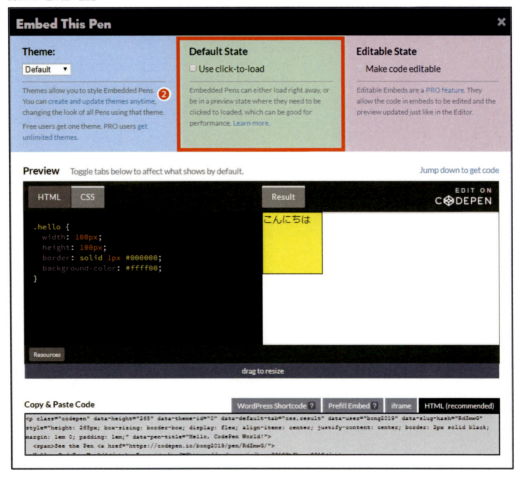

第2章　さっそく作ってみる　47

③生成された埋め込みコードをコピーします。

図2.44: 埋め込みコードをコピー

あとは、コピーしたコードをQiitaの記事に張り付ければOKです。実際に埋め込むと、Qiitaではこんな表示になります。

図2.45: Qiitaの記事にCodePenを表示

STEP5　共通テンプレートを作成する

これからCSS図形を作っていきますが、毎回「同じ内容のHTMLやCSS」を入力することになります。そこで、あらかじめ「共通テンプレート」を作成しておきます。①次のコードを「HTML」と「CSS」に入力します。

HTML

```
1: <div class="container">
2:   <div class="class1"></div>
3: </div>
```

CSS

```
 1: * {
 2:   margin: 0;
 3:   padding: 0;
 4:   border: 0;
 5:   box-sizing: border-box;
 6: }
 7:
 8: .container {
 9:   position: relative;
10:   height: 100vh;
11:   transform-origin: left top;
12:   transform: scale(1.0);
13:
14:   /* 背景画像の調整 - START */
15:   background-image: url(http://aaa.bbb/ccc.png); /* 後で任意の画像に差し替える */
16:   background-size: 500px auto; /* 「幅 高さ」 */
17:   background-position: 50px 50px; /* 「x座標 y座標」 */
18:   background-repeat: no-repeat;
19:   /* 背景画像の調整 - END */
20: }
21:
22: .class1 {
23:
24: }
```

②このPenのタイトルとして「共通テンプレート」を設定します。③「Settings」をクリックしてメニューを出します。

図 2.46: 共通テンプレートを作成

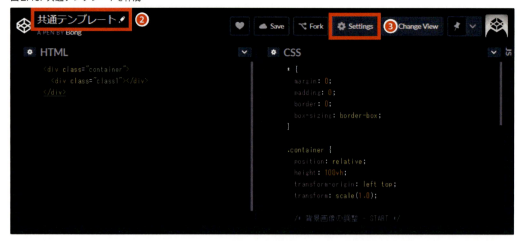

④「Regular Pen」という設定をクリックして「Template」に変更します。⑤「Save & Close」をクリックして保存します。

図 2.47: Pen Settings

それでは、保存したテンプレートを使用して、新しい Pen を作ってみます。⑥画面左上のアイコンをクリックして、トップページを表示させます。

⑦トップページの左メニューから「from template」をクリックし、「共通テンプレート」をクリックします。

図 2.48: テンプレートから新しい Pen を作成

「共通テンプレート」の内容で作成されます。毎回この状態からスタートできれば、かなり時間の短縮になります。

図2.49: テンプレートの内容で編集スタート

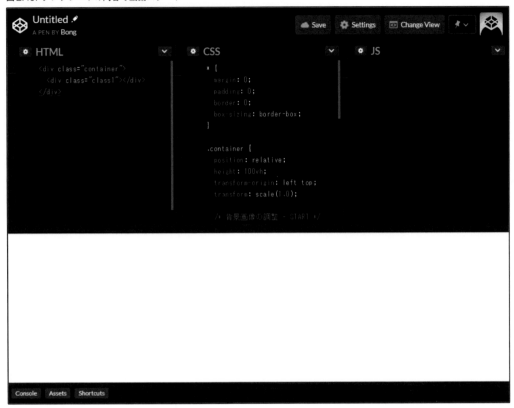

第3章　CSS図形の基本スキルを獲得する

　CSS図形には「基本スキル」が14個あります。「基本スキル」を獲得し、後半のボス戦に備えてレベルアップを図ります。

　まずは、こちらの「スキルパネル」をご覧ください。現在のところ、使用できるスキルは [長方形] のみです。

図3.1: スキルパネル初期状態

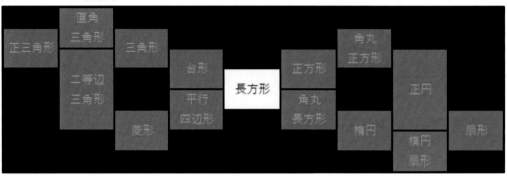

　これから、[長方形] に隣接するスキルパネル、 [台形] [平行四辺形] [正方形] [角丸長方形] に挑戦し、その形を「新たなスキル」として獲得していきます。

　つまり、[長方形] のスキルしかない状態で、いきなり、[正三角形] や [扇形] のスキルを取ることはできず、「持っているスキルに隣接するスキル」に挑戦して、徐々にスキルを広げていきます。

　例えば、[正円] のスキルを取得するには、[角丸正方形] か [楕円] のスキルを取っておく必要があります。

（例）正円を目指すルート

[長方形] → [正方形] → [角丸正方形] → [正円]

[長方形] → [角丸長方形] → [楕円] → [正円]

　それでは、スキル獲得のクエストを、進めていきましょう！

3.1 正方形

クエスト名	どっちがタテ・ヨコ？
説明	冒険の旅がはじまった。基本スキルを集めて、レベルアップしていこう。
メモ	「共通テンプレート」から新規作成して、内容を書き換えると早い
獲得条件	全てのグレーの部分をブラックの図形で埋める
前提スキル	[長方形]
推奨レベル	1〜
獲得報酬	レベル [+1]、スキル [正方形]

https://0css.github.io/svg/tonfa.svg

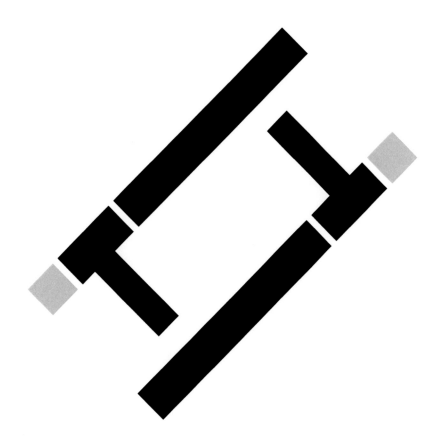

STEP1　背景画像を設定する

　まずは画面の背景に「クエスト課題」である「トンファー画像のURL」を設定します。
　ここで、上にスペースが空きすぎているので「background-position: 50px 10px;」として、y座標を上に40pxずらします。

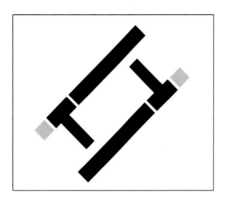

CSS
```
 8: .container {
 9:     position: relative;
10:     height: 100vh;
11:     transform-origin: left top;
12:     transform: scale(1.0);
13:
14:     /* 背景画像の調整 - START */
15:     background-image: url(https://0css.github.io/svg/tonfa.svg);
16:     background-size: 500px auto; /* 「幅 高さ」 */
17:     background-position: 50px 10px; /* 「x座標 y座標」 */
18:     background-repeat: no-repeat;
19:     /* 背景画像の調整 - END */
20: }
```

STEP2　正方形をふたつ作る

　containerの中にdivタグをふたつ追加します。正方形の共通クラス名は「square」。あとは、それぞれ判別しやすいように「s1」「s2」とクラスを設定しておきます。
　「square」クラスに、ふたつの正方形に共通する設定を書きます。ポイントは「opacity: 0.5;」として、正方形の背景を透けさせている部分です。そうすると、背景画像に位置合わせしやすくなります。「opacity」は位置合わせが完了したら、最後に削除します。
　「s1」「s2」は、それぞれ「レッド」と「グリーン」の背景色を設定しています。これは、見やすければ何色でもかまいません。

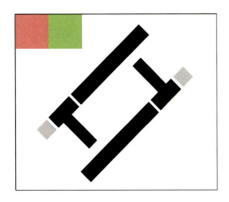

HTML

```
1: <div class="container">
2:   <div class="square s1"></div>
3:   <div class="square s2"></div>
4: </div>
```

CSS

```
22: .square {
23:   position: absolute;
24:   width: 100px;
25:   height: 100px;
26:   opacity: 0.5;
27: }
28:
29: .s1 {
30:   left: 0;
31:   top: 0;
32:   background-color: #ff0000;
33: }
34:
35: .s2 {
36:   left: 100px;
37:   top: 0;
38:   background-color: #00ff00;
39: }
```

STEP3　正方形のサイズを調整

どうやらレッドとグリーンの正方形は、グレーの正方形より大きいようです。パッと見は半分くらいのサイズですので「width」と「height」を「50px」に、また、角度を45度傾けて様子をみます。

第3章　CSS図形の基本スキルを獲得する　55

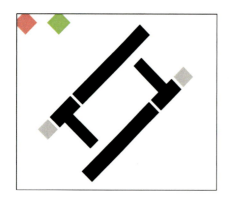

CSS
```
22: .square {
23:     position: absolute;
24:     width: 50px;
25:     height: 50px;
26:     opacity: 0.5;
27:     transform: rotate(45deg);
28: }
```

STEP4　正方形の位置を調整

　レッドをグリーンの正方形の表示位置をずらして、グレーの正方形に重ねます。だいたい一致したらOKです。

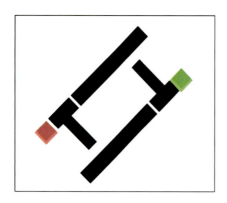

CSS
```
30: .s1 {
31:     left: 68px;
32:     top: 317px;
33:     background-color: #ff0000;
```

```
34: }
35:
36: .s2 {
37:     left: 477px;
38:     top: 163px;
39:     background-color: #00ff00;
40: }
```

STEP5　全体を大きくして合わせる

ざっくりと「サイズ」と「位置」が正解に近づいてきたので、ズームをして微調整を行います。そこで「scale」で2.0倍の大きさにすると、細かい差分がはっきり分かります。

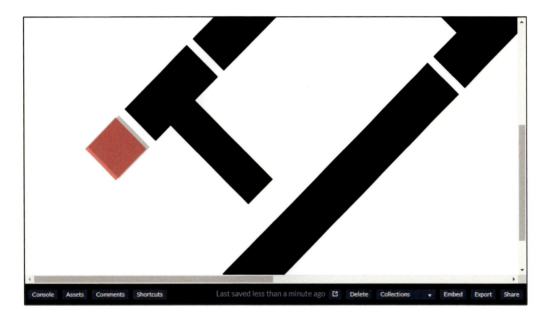

CSS

```
 8: .container {
 9:     position: relative;
10:     height: 100vh;
11:     transform-origin: left top;
12:     transform: scale(2.0);
13:
14:     /* 背景画像の調整 - START */
15:     background-image: url(https://0css.github.io/svg/tonfa.svg);
16:     background-size: 500px auto; /* 「幅 高さ」 */
17:     background-position: 50px 10px; /* 「x座標 y座標」 */
```

```
18:    background-repeat: no-repeat;
19:    /* 背景画像の調整 - END */
20: }
```

STEP6　仕上げ

大きくした状態で、正方形のサイズも位置も一致できたら、scaleを1.0に戻します。そして、レッドとグリーンの背景色をブラックにします。最後にopacityを削除します。

CSS

```
 8: .container {
 9:    position: relative;
10:    height: 100vh;
11:    transform-origin: left top;
12:    transform: scale(1.0);
13:
```

```
14:     /* 背景画像の調整 - START */
15:     background-image: url(https://0css.github.io/svg/tonfa.svg);
16:     background-size: 500px auto;   /* 「幅 高さ」 */
17:     background-position: 50px 10px; /* 「x座標 y座標」 */
18:     background-repeat: no-repeat;
19:     /* 背景画像の調整 - END */
20: }
21:
22: .square {
23:     position: absolute;
24:     width: 43px;
25:     height: 43px;
26:     transform: rotate(45deg);
27:     background-color: #000000;
28: }
```

クリア　スキル獲得!!

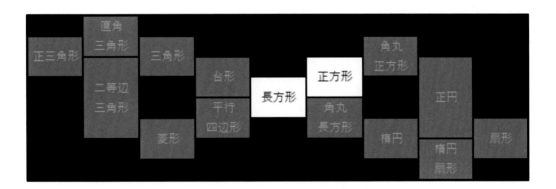

まとめ

・サイズや位置はざっくりでいいので、とりあえず設置してみる

・背景色を半透明にして、位置だけ合わせる

・scaleで全体を大きくして、サイズと位置を合わせる

最後に、全体のソースコードです。

HTML

```
1: <div class="container">
2:   <div class="square s1"></div>
3:   <div class="square s2"></div>
4: </div>
```

CSS

```
 1: * {
 2:   margin: 0;
 3:   padding: 0;
 4:   border: 0;
 5:   box-sizing: border-box;
 6: }
 7:
 8: .container {
 9:   position: relative;
10:   height: 100vh;
11:   transform-origin: left top;
12:   transform: scale(1.0);
13:
14:   /* 背景画像の調整 - START */
15:   background-image: url(https://0css.github.io/svg/tonfa.svg);
16:   background-size: 500px auto;   /* 「幅 高さ」 */
17:   background-position: 50px 10px; /* 「x座標 y座標」 */
18:   background-repeat: no-repeat;
19:   /* 背景画像の調整 - END */
20: }
21:
22: .square {
23:   position: absolute;
24:   width: 43px;
25:   height: 43px;
26:   transform: rotate(45deg);
27:   background-color: #000000;
28: }
29:
30: .s1 {
31:   left: 71px;
32:   top: 315px;
33: }
34:
```

```
35: .s2 {
36:     left: 481px;
37:     top: 161px;
38: }
```

3.2 角丸正方形

クエスト名	オークション
説明	長い戦争により、世界は次第に荒れ果てて、オークション会場は破壊された。ハンマーを復元して、オークションを復活の一歩としよう。
メモ	「共通テンプレート」から新規作成して、内容を書き換えると早い
獲得条件	全てのグレーの部分をブラックの図形で埋める
前提スキル	[正方形]
推奨レベル	2〜
獲得報酬	レベル [+1]、スキル [角丸正方形]

https://0css.github.io/svg/hammer.svg

> **考え方**
>
> いきなり「角丸正方形」は作らずに、まずは普通の「正方形」を作ります。正方形の位置やサイズ、傾きが合わせが終わったら、最後に角丸の大きさを調整します。

STEP1　背景画像を設定する

　まずは画面の背景に「クエスト課題」である「ハンマー画像のURL」を設定します。

　ここで、上に大きくスペースが空きすぎている感じがするので「background-position: 50px 10px;」として、y座標を上に40pxずらします。

CSS

```
 8: .container {
 9:   position: relative;
10:   height: 100vh;
11:   transform-origin: left top;
12:   transform: scale(1.0);
13:
14:   /* 背景画像の調整 - START */
15:   background-image: url(https://0css.github.io/svg/hammer.svg);
16:   background-size: 500px auto; /* 「幅 高さ」 */
17:   background-position: 50px 10px; /* 「x座標 y座標」 */
18:   background-repeat: no-repeat;
19:   /* 背景画像の調整 - END */
20: }
```

STEP2　正方形を作る

　containerの中のdivタグに、クラス名を追加します。クラス名は「rs」。「Rounded square」を省略した名前です。

　「rs」には、赤の背景色を設定し「opacity: 0.5;」にして背景を透けさせます。また、後で角丸を付けたり、回転させたりするので、この段階で「border-radius: 0;」「transform: rotate(0deg);」を入れておきます。

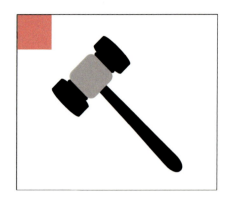

HTML
```
1: <div class="container">
2:   <div class="rs"></div>
3: </div>
```

CSS
```
22: .rs {
23:   position: absolute;
24:   width: 100px;
25:   height: 100px;
26:   border-radius: 0;
27:   background-color: #ff0000;
28:   transform: rotate(0deg);
29:   left: 0;
30:   top: 0;
31:   opacity: 0.5;
32: }
```

STEP3　正方形の位置をざっくり合わせる

　正方形のサイズは「100px」にしたので、だいたいleftは「150px」くらい、topは「100px」くらいの位置だと分かります。まずは置いてみて、後で調整しましょう。

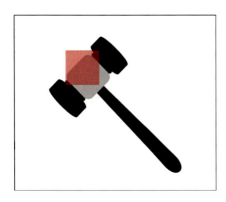

CSS
```
28:     transform: rotate(0deg);
29:     left: 150px;
30:     top: 100px;
31:     opacity: 0.5;
32: }
```

STEP4　正方形を傾ける

「transform: rotate(45deg);」で、正方形を45度傾けます。やや正方形が小さい感じはしますが、ほぼ正解の大きさのようです。

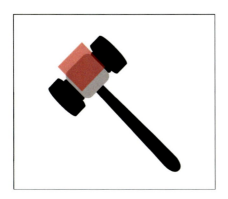

CSS
```
28:     transform: rotate(45deg);
29:     left: 150px;
30:     top: 100px;
31:     opacity: 0.5;
32: }
```

STEP5　正方形の位置とサイズを合わせる

　正方形のサイズと位置を調整します。サイズは「102px」でぴったりになります。かなり惜しかったですね。次に、位置も背景画像に合わせます。

CSS
```
22: .rs {
23:     position: absolute;
24:     width: 102px;
25:     height: 102px;
26:     border-radius: 0;
27:     background-color: #ff0000;
28:     transform: rotate(45deg);
29:     left: 166px;
30:     top: 126px;
31:     opacity: 0.5;
32: }
```

STEP6　正方形に角丸をつける

　この段階でようやく角丸をつけます。「border-radius: 20px;」にすると、ぴったり合います。

CSS
```
24:     width: 102px;
25:     height: 102px;
26:     border-radius: 20px;
27:     background-color: #ff0000;
28:     transform: rotate(45deg);
```

STEP7　仕上げ

　レッドの背景色をブラックにして、最後にopacityを削除します。

CSS
```
22: .rs {
23:   position: absolute;
24:   width: 102px;
25:   height: 102px;
26:   border-radius: 20px;
27:   background-color: #000000;
28:   transform: rotate(45deg);
29:   left: 166px;
30:   top: 126px;
31: }
```

クリア　スキル獲得!!

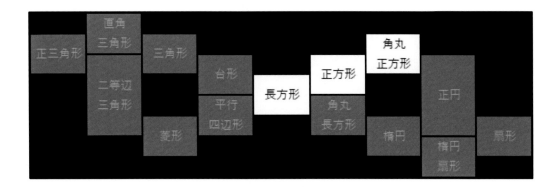

まとめ
- 正方形から派生する形は、まず正方形のサイズと位置を合わせる
- サイズと位置が決まったら、そこから変形させる

最後に、全体のソースコードです。

HTML
```
1: <div class="container">
2:   <div class="rs"></div>
3: </div>
```

CSS
```
 1: * {
 2:   margin: 0;
 3:   padding: 0;
 4:   border: 0;
 5:   box-sizing: border-box;
 6: }
 7:
 8: .container {
 9:   position: relative;
10:   height: 100vh;
11:   transform-origin: left top;
12:   transform: scale(1.0);
13:
14:   /* 背景画像の調整 - START */
15:   background-image: url(https://0css.github.io/svg/hammer.svg);
16:   background-size: 500px auto; /* 「幅 高さ」 */
17:   background-position: 50px 10px; /* 「x座標 y座標」 */
```

```
18:    background-repeat: no-repeat;
19:    /* 背景画像の調整 - END */
20: }
21:
22: .rs {
23:    position: absolute;
24:    width: 102px;
25:    height: 102px;
26:    border-radius: 20px;
27:    background-color: #000000;
28:    transform: rotate(45deg);
29:    left: 166px;
30:    top: 126px;
31: }
```

3.3 正円

クエスト名	鉱山の救世主
説明	戦争の激化により、鉄資源が大量に不足した。爆弾を復元して、鉱山を復活させよう。
メモ	「共通テンプレート」から新規作成して、内容を書き換えると早い
獲得条件	全てのグレーの部分をブラックの図形で埋める
前提スキル	[角丸正方形] or [楕円]
推奨レベル	3〜
獲得報酬	レベル [+1]、スキル [正円]

https://0css.github.io/svg/bomb.svg

考え方

角丸正方形のコーナーを徐々に大きくしていきます。そして、最終的に直線が無くなれば、正円になりそうです。

STEP1　背景画像を設定する

まずは画面の背景に「クエスト課題」である「爆弾画像のURL」を設定します。

ここで、上に大きくスペースが空きすぎているので「background-position: 50px 0;」として、y座標を上に50pxずらします。

CSS

```
 8: .container {
 9:   position: relative;
10:   height: 100vh;
11:   transform-origin: left top;
12:   transform: scale(1.0);
13:
14:   /* 背景画像の調整 - START */
15:   background-image: url(https://0css.github.io/svg/bomb.svg);
16:   background-size: 500px auto; /* 「幅 高さ」 */
17:   background-position: 50px 0; /* 「x座標 y座標」 */
18:   background-repeat: no-repeat;
19:   /* 背景画像の調整 - END */
20: }
```

STEP2　正方形を作る

　containerの中のdivタグに、クラス名を追加します。クラス名は「circle」とします。
　正円のサイズは、ぱっと見250pxくらいでしょうか。正方形の高さと幅を250pxにし、背景色をレッドにして半透明にしておきます。

HTML
```
1: <div class="container">
2:    <div class="circle"></div>
3: </div>
```

CSS
```
22: .circle {
23:     position: absolute;
24:     width: 250px;
25:     height: 250px;
26:     border-radius: 0;
27:     background-color: #ff0000;
28:     left: 0;
29:     top: 0;
30:     opacity: 0.5;
31: }
```

STEP3　正方形の位置を合わせる

　正方形の位置ざっくり合わせます。leftは100px、topは200pxにします。
どうやら、ちょっと正方形のサイズが小さかったようです。

CSS
```
26:    border-radius: 0;
27:    background-color: #ff0000;
28:    left: 100px;
29:    top: 200px;
30:    opacity: 0.5;
31: }
```

STEP4　正方形の位置とサイズを合わせる

　正方形のサイズは290pxだと、ぴったりいけそうです。同時に位置も調整します。

CSS
```
22: .circle {
23:    position: absolute;
24:    width: 290px;
25:    height: 290px;
26:    border-radius: 0;
27:    background-color: #ff0000;
```

```
28:     left: 110px;
29:     top: 177px;
30:     opacity: 0.5;
31: }
```

STEP5　角丸を作る

　ここで角丸を作っていきますが、角丸の半径を試行錯誤する必要はありません。元の図形が正方形なので、高さも幅も同じです。そこで「border-radius: 50%;」を設定します。

CSS

```
22: .circle {
23:     position: absolute;
24:     width: 290px;
25:     height: 290px;
26:     border-radius: 50%;
27:     background-color: #ff0000;
28:     left: 110px;
29:     top: 177px;
30:     opacity: 0.5;
31: }
```

STEP6　仕上げ

　レッドの背景色をブラックにして、最後にopacityを削除します。

CSS
```
22: .circle {
23:     position: absolute;
24:     width: 290px;
25:     height: 290px;
26:     border-radius: 50%;
27:     background-color: #000000;
28:     left: 110px;
29:     top: 177px;
30: }
```

クリア　スキル獲得!!

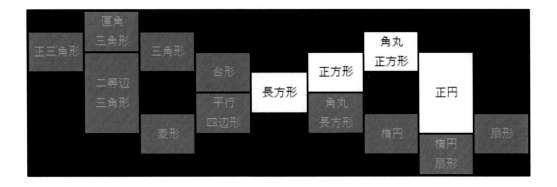

まとめ

・正方形から派生する形は、まず正方形のサイズと位置を合わせる
・角丸の半径は50%という「割合」で指定すると楽になる

最後に、全体のソースコードです。

HTML
```
1: <div class="container">
2:     <div class="circle"></div>
3: </div>
```

CSS
```
1: * {
2:     margin: 0;
3:     padding: 0;
4:     border: 0;
5:     box-sizing: border-box;
```

```
 6: }
 7:
 8: .container {
 9:   position: relative;
10:   height: 100vh;
11:   transform-origin: left top;
12:   transform: scale(1.0);
13:
14:   /* 背景画像の調整 - START */
15:   background-image: url(https://0css.github.io/svg/bomb.svg);
16:   background-size: 500px auto; /* 「幅 高さ」 */
17:   background-position: 50px 0; /* 「x座標 y座標」 */
18:   background-repeat: no-repeat;
19:   /* 背景画像の調整 - END */
20: }
21:
22: .circle {
23:   position: absolute;
24:   width: 290px;
25:   height: 290px;
26:   border-radius: 50%;
27:   background-color: #000000;
28:   left: 110px;
29:   top: 177px;
30: }
```

> **コラム**
>
> ここまでスキルを獲得してきて、「CSS図形って思ったよりかんたんじゃん」って感想を持たれたかもしれません。そうなんです。ある意味「CSS図形の作法」を身に着ければ、知らない図形が出てきても、持っているスキルを組み合わせて、対応することができるようになるのです。
> 優秀な冒険者の皆様は、そろそろ「歯ごたえ」が欲しくなってきたタイミングでしょうか？
> ということで、次の扇形では「単純に扇形を作るだけではクリアできない」クエストとなっています。
> 中ボスくらいのイメージでとらえて、ぜひ挑戦してみてください。

3.4 扇形

クエスト名	円のかけら
説明	ブラックドラゴンの強力なブレスによって、クロスシールドが壊れてしまった。シールドを復元して、守備力を上げよう。
メモ	「共通テンプレート」から新規作成して、内容を書き換えると早い
獲得条件	全てのグレーの部分をブラックの図形で埋める
前提スキル	[正円] or [楕円扇形]
推奨レベル	4〜
獲得報酬	レベル [+1]、スキル [扇形]

https://0css.github.io/svg/cross_shield.svg

をふたつ作ればいけそうです。

STEP1 背景画像を設定する

まずは画面の背景に「クエスト課題」である「シールドのURL」を設定します。
今回は、背景画像の位置調整は必要ありません。

CSS
```
 8: .container {
 9:   position: relative;
10:   height: 100vh;
11:   transform-origin: left top;
12:   transform: scale(1.0);
13:
14:   /* 背景画像の調整 - START */
15:   background-image: url(https://0css.github.io/svg/cross_shield.svg);
16:   background-size: 500px auto; /* 「幅 高さ」 */
17:   background-position: 50px 50px; /* 「x座標 y座標」 */
18:   background-repeat: no-repeat;
19:   /* 背景画像の調整 - END */
20: }
```

STEP2 大きい円を作成する

container内のdivタグに「fan1」というクラス名をつけて、ざっくり300pxサイズの円を作ります。いつものやっているように、レッドの背景色をつけて、半透明にしておきます。

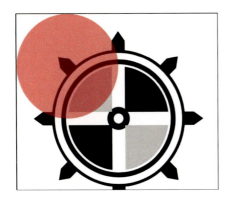

HTML
```
1: <div class="container">
2:     <div class="fan1"></div>
3: </div>
```

CSS
```
22: .fan1 {
23:     position: absolute;
24:     width: 300px;
25:     height: 300px;
26:     border-radius: 50%;
27:     background-color: #ff0000;
28:     left: 0;
29:     top: 0;
30:     opacity: 0.5;
31: }
```

STEP3　円の位置とサイズを合わせる

　円をシールドの中央に重なるように、サイズと位置を調整します。今回は、たまたま円の大きさが、300pxでぴったりだったようです。

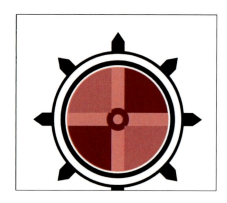

CSS

```
26:     border-radius: 50%;
27:     background-color: #ff0000;
28:     left: 150px;
29:     top: 150px;
30:     opacity: 0.5;
31: }
```

STEP4　扇形を作る

　円がぴったり重なって、300pxのサイズでした。ということは、半分のサイズ150pxで扇形を作ります。そして、さらにdivタグを追加して、右下の扇形を作ります。

　左上と右下のふたつの扇形で共通するスタイルは、fanという共通クラスにまとめておきます。

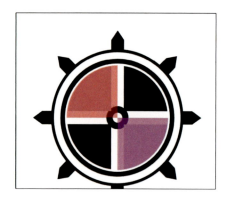

HTML

```
1: <div class="container">
2:     <div class="fan f1"></div>
3:     <div class="fan f2"></div>
4: </div>
```

CSS

```
22: .fan {
23:     position: absolute;
24:     width: 150px;
25:     height: 150px;
26:     opacity: 0.5;
27: }
28:
29: .f1 {
30:     border-radius: 100% 0 0 0;
31:     background-color: #ff0000;
32:     left: 150px;
33:     top: 150px;
34: }
35:
36: .f2 {
37:     border-radius: 0 0 100% 0;
38:     background-color: #ff00ff;
39:     left: 300px;
40:     top: 300px;
41: }
```

STEP5　扇形の不要な部分をカットする

　扇形と背景画像の重なりを見てみると、扇形が少し大きいようです。

　そこで、シールドの中央に「白い十字」を重ねてカットします。

　白い十字ではあるのですが、サイズや位置合わせのため、縦の棒をブルーに、横の棒をグリーンに色付けしておきます。

HTML

```
1: <div class="container">
2:     <div class="fan f1"></div>
3:     <div class="fan f2"></div>
4:     <div class="bar b1"></div>
5:     <div class="bar b2"></div>
6: </div>
```

CSS

```
43: .bar {
44:     position: absolute;
45:     opacity: 0.5;
46: }
47:
48: .b1 {
49:     position: absolute;
50:     width: 300px;
51:     height: 38px;
52:     left: 150px;
53:     top: 281px;
54:     background-color: #00ff00;
55:     opacity: 0.5;
56: }
57:
58: .b2 {
59:     position: absolute;
60:     width: 38px;
61:     height: 300px;
62:     left: 281px;
63:     top: 150px;
64:     background-color: #0000ff;
65:     opacity: 0.5;
66: }
```

STEP6　センターの小さい円を作る

　白い十字によって、センターの小さい円が見えなくなってしまいます。そこで、新規で小さい円を作って重ねます。半径の大きいブラックの円と、半径の小さいホワイトの円を作ります。大変見づらいですが、位置合わせ用に、シアンとイエローの背景色にしています。

　※半透明のパーツが重なりすぎて、センターがすごく変な色になっていますね。

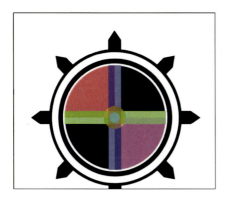

HTML

```
1: <div class="container">
2:     <div class="fan f1"></div>
3:     <div class="fan f2"></div>
4:     <div class="bar b1"></div>
5:     <div class="bar b2"></div>
6:     <div class="circle c1"></div>
7:     <div class="circle c2"></div>
8: </div>
```

CSS

```
68: .circle {
69:     position: absolute;
70:     border-radius: 50%;
71:     opacity: 0.5;
72: }
73:
74: .c1 {
75:     width: 65.5px;
76:     height: 65.5px;
77:     left: 267px;
78:     top: 267px;
79:     background-color: #ffff00;
80: }
81:
82: .c2 {
83:     width: 30px;
84:     height: 30px;
85:     left: 285px;
86:     top: 285px;
87:     background-color: #00ffff;
```

```
88: }
```

STEP7　仕上げ

半透明のパーツの背景色をブラックに、センターの十字と、一番小さい円をホワイトにします。

CSS-1
```
22: .fan {
23:     position: absolute;
24:     width: 150px;
25:     height: 150px;
26:     background-color: #000000;
27: }
```

CSS-2
```
41: .bar {
42:     position: absolute;
43:     background-color: #ffffff;
44: }
```

CSS-3

```
67: .c1 {
68:     width: 65.5px;
69:     height: 65.5px;
70:     left: 267px;
71:     top: 267px;
72:     background-color: #000000;
73: }
74:
75: .c2 {
76:     width: 30px;
77:     height: 30px;
78:     left: 285px;
79:     top: 285px;
80:     background-color: #ffffff;
81: }
```

クリア　スキル獲得!!

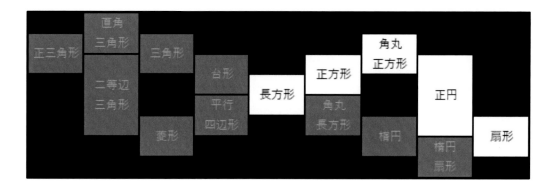

まとめ

・ひとつの図形で作れない形の場合は、カット用の白い図形を重ねて作る
・カット用の図形で、本来ある図形が隠れてしまった場合、隠れた図形をあらためて作る

最後に、全体のソースコードです。

HTML

```
1: <div class="container">
2:   <div class="fan f1"></div>
3:   <div class="fan f2"></div>
4:   <div class="bar b1"></div>
5:   <div class="bar b2"></div>
6:   <div class="circle c1"></div>
7:   <div class="circle c2"></div>
8: </div>
```

CSS

```
 1: * {
 2:   margin: 0;
 3:   padding: 0;
 4:   border: 0;
 5:   box-sizing: border-box;
 6: }
 7:
 8: .container {
 9:   position: relative;
10:   height: 100vh;
11:   transform-origin: left top;
12:   transform: scale(1.0);
```

```
13:
14:   /* 背景画像の調整 - START */
15:   background-image: url(https://0css.github.io/svg/cross_shield.svg);
16:   background-size: 500px auto; /* 「幅 高さ」 */
17:   background-position: 50px 50px; /* 「x座標 y座標」 */
18:   background-repeat: no-repeat;
19:   /* 背景画像の調整 - END */
20: }
21:
22: .fan {
23:   position: absolute;
24:   width: 150px;
25:   height: 150px;
26:   background-color: #000000;
27: }
28:
29: .f1 {
30:   border-radius: 100% 0 0 0;
31:   left: 150px;
32:   top: 150px;
33: }
34:
35: .f2 {
36:   border-radius: 0 0 100% 0;
37:   left: 300px;
38:   top: 300px;
39: }
40:
41: .bar {
42:   position: absolute;
43:   background-color: #ffffff;
44: }
45:
46: .b1 {
47:   position: absolute;
48:   width: 300px;
49:   height: 38px;
50:   left: 150px;
51:   top: 281px;
52: }
53:
```

```
54: .b2 {
55:   position: absolute;
56:   width: 38px;
57:   height: 300px;
58:   left: 281px;
59:   top: 150px;
60: }
61:
62: .circle {
63:   position: absolute;
64:   border-radius: 50%;
65: }
66:
67: .c1 {
68:   width: 65.5px;
69:   height: 65.5px;
70:   left: 267px;
71:   top: 267px;
72:   background-color: #000000;
73: }
74:
75: .c2 {
76:   width: 30px;
77:   height: 30px;
78:   left: 285px;
79:   top: 285px;
80:   background-color: #ffffff;
81: }
```

コラム

中ボスの扇形、なかなか手数が掛かりましたね。中ボス戦で経験した、「複数の図形を組み合わせて、新たな図形をつくる」スキルは、スキルパネル化がされていません。しかし、今後に大いに役に立つ「隠しスキル」です。
この後は、別の系統のスキルを伸ばしていきます。新たなスキルの広がりを楽しんで進んでいってくださいませ。

3.5　角丸長方形

クエスト名	新たな絆
説明	船のいかりに繋がれた鎖は、荒波によってちぎれてしまった。チェーンを復元して、船を固定させよう
メモ	「共通テンプレート」から新規作成して、内容を書き換えると早い
獲得条件	全てのグレーの部分をブラックの図形で埋める
前提スキル	[長方形]
推奨レベル	1〜
獲得報酬	レベル [+1]、スキル [角丸長方形]

https://0css.github.io/svg/chain.svg

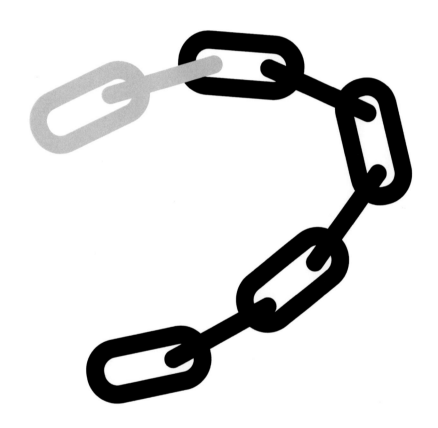

STEP1　背景画像を設定する

まずは画面の背景に「クエスト課題」である「チェーンのURL」を設定します。

ここで、上にスペースが空きすぎているので「background-position: 50px -20px;」として、y座標を上に70pxずらします。

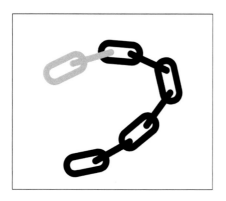

CSS
```
 8: .container {
 9:   position: relative;
10:   height: 100vh;
11:   transform-origin: left top;
12:   transform: scale(1.0);
13:
14:   /* 背景画像の調整 - START */
15:   background-image: url(https://0css.github.io/svg/chain.svg);
16:   background-size: 500px auto; /* 「幅 高さ」 */
17:   background-position: 50px -20px; /* 「x座標 y座標」 */
18:   background-repeat: no-repeat;
19:   /* 背景画像の調整 - END */
20: }
```

STEP2　輪っかを作る

container内のdivにrr1というクラス名を付けます。また、divを追加してrr2というクラス名を付けます。rrは「Rounded rectangle」の略です。

ここで少し考えます。もし「角丸長方形の共通クラス」を作ろうとした場合、「position: absolute;」と「opacity: 0.5;」くらいしか、共通するプロパティーがありません。また、opacityは最後には消すので、あまり共通クラス化するメリットがなさそうです。一旦、共通クラスは作らないで進めます。

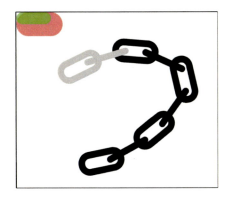

HTML

```
1: <div class="container">
2:   <div class="rr1"></div>
3:   <div class="rr2"></div>
4: </div>
```

CSS

```
22: .rr1 {
23:   position: absolute;
24:   width: 120px;
25:   height: 60px;
26:   border-radius: 60px;
27:   left: 0;
28:   top: 0;
29:   transform: rotate(0deg);
30:   background-color: #ff0000;
31:   opacity: 0.5;
32: }
33:
34: .rr2 {
35:   position: absolute;
36:   width: 90px;
37:   height: 30px;
38:   border-radius: 60px;
39:   left: 0;
40:   top: 0;
41:   transform: rotate(0deg);
42:   background-color: #00ff00;
43:   opacity: 0.5;
44: }
```

STEP3　輪っかの位置をざっくり合わせる

　輪っかの位置を合わせます。位置を合わせたことで、サイズ感はほぼ合っていたことがわかりました。

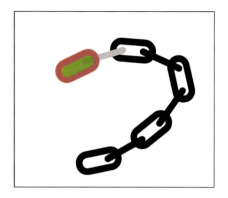

CSS

```
22: .rr1 {
23:   position: absolute;
24:   width: 120px;
25:   height: 60px;
26:   border-radius: 60px;
27:   left: 103px;
28:   top: 108px;
29:   transform: rotate(-25.5deg);
30:   background-color: #ff0000;
31:   opacity: 0.5;
32: }
33:
34: .rr2 {
35:   position: absolute;
36:   width: 90px;
37:   height: 30px;
38:   border-radius: 60px;
39:   left: 120px;
40:   top: 124px;
41:   transform: rotate(-25.5deg);
42:   background-color: #00ff00;
43:   opacity: 0.5;
44: }
```

STEP4　ズームを大きくする

ここで、scaleで3倍に大きくして、背景画像と図形のズレをはっきりさせます。

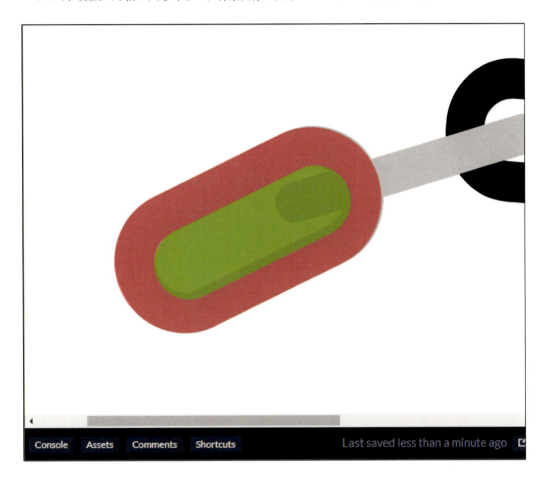

CSS
```
 8:  .container {
 9:    position: relative;
10:    height: 100vh;
11:    transform-origin: left top;
12:    transform: scale(3.0);
13:
14:    /* 背景画像の調整 - START */
15:    background-image: url(https://0css.github.io/svg/chain.svg);
```

STEP5　輪っかのサイズと位置を調整する

このズームの状態で、輪っかのサイズと位置を調整します。たまたま、位置の調整は無しで大丈

夫でした。

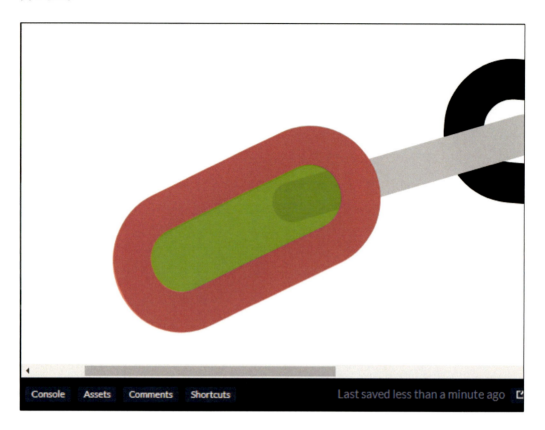

CSS
```
22: .rr1 {
23:     position: absolute;
24:     width: 121px;
25:     height: 60px;
26:     border-radius: 60px;
27:     left: 103px;
28:     top: 108px;
29:     transform: rotate(-25.5deg);
30:     background-color: #ff0000;
31:     opacity: 0.5;
32: }
33:
34: .rr2 {
35:     position: absolute;
36:     width: 87px;
37:     height: 27px;
```

```
38:    border-radius: 60px;
39:    left: 120px;
40:    top: 124px;
41:    transform: rotate(-25.5deg);
42:    background-color: #00ff00;
43:    opacity: 0.5;
44: }
```

STEP6　連結部を作る

連結部を輪っかと同様に作ります。containerの中に、ひとつdivを追加して、rr3というクラスを付けます。ズームしてあるので、サイズと位置を合わせに行きます。

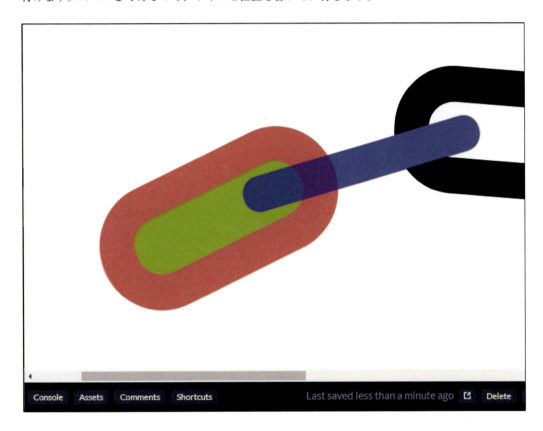

HTML
```
1: <div class="container">
2:   <div class="rr1"></div>
3:   <div class="rr2"></div>
4:   <div class="rr3"></div>
5: </div>
```

CSS

```
46: .rr3 {
47:     position: absolute;
48:     width: 119px;
49:     height: 16.5px;
50:     border-radius: 60px;
51:     left: 173px;
52:     top: 104px;
53:     transform: rotate(-16deg);
54:     background-color: #0000ff;
55:     opacity: 0.5;
56: }
```

STEP7　仕上げ

　rr2の背景色をホワイトに、他のパーツはブラックにします。半透明なので、opacityを削除します。さらにscaleを1.0にして、大きさを戻します。
　ここで、rr1、rr2、rr3クラスを見ると、共通するプロパティーがいくつかあります。そこで、共通クラスにまとめて完成です。

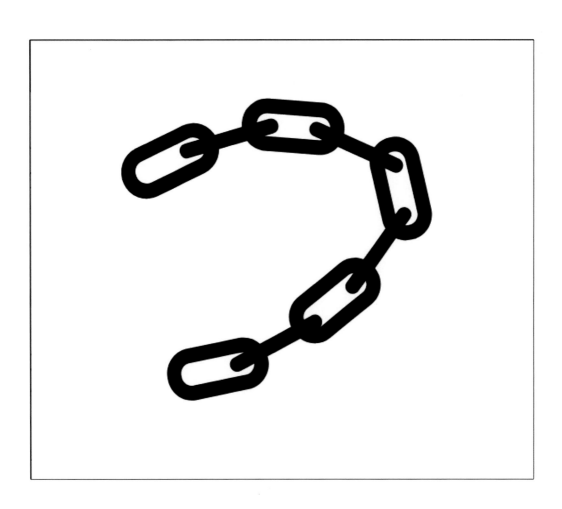

CSS
```
22: .rr {
23:   position: absolute;
24:   border-radius: 60px;
25:   background-color: #000000;
26: }
```

クリア　スキル獲得!!

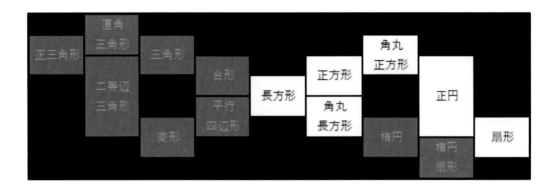

まとめ
・初期段階では、共通クラスは、必ずしも作らなくてよい
・共通クラス化するメリットが出てきた、後半の段階で作ると効率的

最後に、全体のソースコードです。

HTML
```
1: <div class="container">
2:   <div class="rr rr1"></div>
3:   <div class="rr rr2"></div>
4:   <div class="rr rr3"></div>
5: </div>
```

CSS
```
1: * {
2:   margin: 0;
3:   padding: 0;
4:   border: 0;
5:   box-sizing: border-box;
6: }
7:
```

```
 8: .container {
 9:   position: relative;
10:   height: 100vh;
11:   transform-origin: left top;
12:   transform: scale(1.0);
13:
14:   /* 背景画像の調整 - START */
15:   background-image: url(https://0css.github.io/svg/chain.svg);
16:   background-size: 500px auto; /* 「幅 高さ」 */
17:   background-position: 50px -20px; /* 「x座標 y座標」 */
18:   background-repeat: no-repeat;
19:   /* 背景画像の調整 - END */
20: }
21:
22: .rr {
23:   position: absolute;
24:   border-radius: 60px;
25:   background-color: #000000;
26: }
27:
28: .rr1 {
29:   width: 121px;
30:   height: 60px;
31:   left: 103px;
32:   top: 108px;
33:   transform: rotate(-25.5deg);
34: }
35:
36: .rr2 {
37:   width: 87px;
38:   height: 27px;
39:   left: 120px;
40:   top: 124px;
41:   transform: rotate(-25.5deg);
42:   background-color: #ffffff;
43: }
44:
45: .rr3 {
46:   width: 119px;
47:   height: 16.5px;
48:   left: 173px;
```

```
49:     top: 104px;
50:     transform: rotate(-16deg);
51: }
```

3.6 楕円

クエスト名	バイキングの贈り物
説明	その大きな斧は、かつてバイキングが使用していたものらしい。錆びた刃を復元して、メイン武器にしよう。
メモ	「共通テンプレート」から新規作成して、内容を書き換えると早い
獲得条件	全てのグレーの部分をブラックの図形で埋める
前提スキル	[角丸長方形]
推奨レベル	2〜
獲得報酬	レベル [+1]、スキル [楕円]

https://0css.github.io/svg/ax.svg

> **考え方**
> 大きな楕円の上下を、小さな楕円でカットします。中心部も同様に、長方形でカットして、ブラックの棒を付ければいけそうです。

STEP1　背景画像を設定する

　まずは画面の背景に「クエスト課題」である「斧のURL」を設定します。
　今回は、背景画像の位置調整は必要ありません。

CSS

```
 8: .container {
 9:     position: relative;
10:     height: 100vh;
11:     transform-origin: left top;
12:     transform: scale(1.0);
13:
14:     /* 背景画像の調整 - START */
15:     background-image: url(https://0css.github.io/svg/ax.svg);
16:     background-size: 500px auto; /* 「幅 高さ」 */
17:     background-position: 50px 50px; /* 「x座標 y座標」 */
18:     background-repeat: no-repeat;
19:     /* 背景画像の調整 - END */
20: }
```

STEP2　楕円を3つ作る

　container内にdivを3つ設置します。まずは大きい楕円を作り、小さい楕円は半分のサイズで作ってみます。

　3つの楕円に共通する項目が多かったので、共通クラス「ellopse」にまとめておきます。

HTML
```
1: <div class="container">
2:     <div class="ellipse1"></div>
3:     <div class="ellipse2"></div>
4:     <div class="ellipse3"></div>
5: </div>
```

CSS
```
22: .ellipse {
23:     position: absolute;
24:     border-radius: 50%;
25:     transform: rotate(0deg);
26:     opacity: 0.5;
27: }
28:
29: .e1 {
30:     width: 400px;
31:     height: 300px;
32:     background-color: #ff0000;
33:     left: 0;
34:     top: 0;
35: }
36:
37: .e2 {
38:     width: 200px;
39:     height: 150px;
40:     background-color: #00ff00;
41:     left: 0;
42:     top: 0;
43: }
44:
```

```
45: .e3 {
46:     width: 200px;
47:     height: 150px;
48:     background-color: #0000ff;
49:     left: 200px;
50:     top: 0;
51: }
```

STEP3　楕円の位置をざっくり合わせる

3つの楕円の傾きを30度傾けて、それぞれ位置を合わせてみます。

大きい楕円は、やや小さいようです。小さい楕円は、ほぼ正解に近いサイズでいけてます。

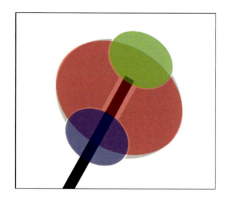

CSS

```
22: .ellipse {
23:     position: absolute;
24:     border-radius: 50%;
25:     transform: rotate(30deg);
26:     opacity: 0.5;
27: }
28:
29: .e1 {
30:     width: 400px;
31:     height: 300px;
32:     background-color: #ff0000;
33:     left: 106px;
34:     top: 94px;
35: }
36:
37: .e2 {
```

```
38:     width: 200px;
39:     height: 150px;
40:     background-color: #00ff00;
41:     left: 270px;
42:     top: 60px;
43: }
44:
45: .e3 {
46:     width: 200px;
47:     height: 150px;
48:     background-color: #0000ff;
49:     left: 140px;
50:     top: 282px;
51: }
```

STEP4　ズームをしてサイズを位置を合わせる

　ここで、scaleで1.5倍の大きさにします。そして楕円のサイズや位置を調整します。

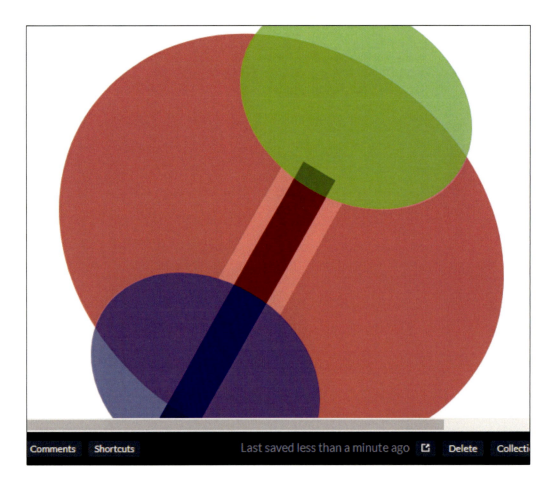

CSS-1

```
 8: .container {
 9:   position: relative;
10:   height: 100vh;
11:   transform-origin: left top;
12:   transform: scale(1.5);
13:
14:   /* 背景画像の調整 - START */
15:   background-image: url(https://0css.github.io/svg/ax.svg);
```

CSS-2

```
29: .e1 {
30:   width: 392px;
31:   height: 326px;
32:   background-color: #ff0000;
33:   left: 109px;
34:   top: 84px;
```

```
35: }
36:
37: .e2 {
38:   width: 206px;
39:   height: 159px;
40:   background-color: #00ff00;
41:   left: 266px;
42:   top: 54px;
43: }
44:
45: .e3 {
46:   width: 206px;
47:   height: 159px;
48:   background-color: #0000ff;
49:   left: 137.5px;
50:   top: 278px;
51: }
```

STEP5　中央をカットし、棒を作る

　ようやく刃ができたので、中央を長方形でカットします。そして棒を追加します。棒といっても長方形ですので、まとめられる部分は、長方形の共通クラスにまとめておきます。

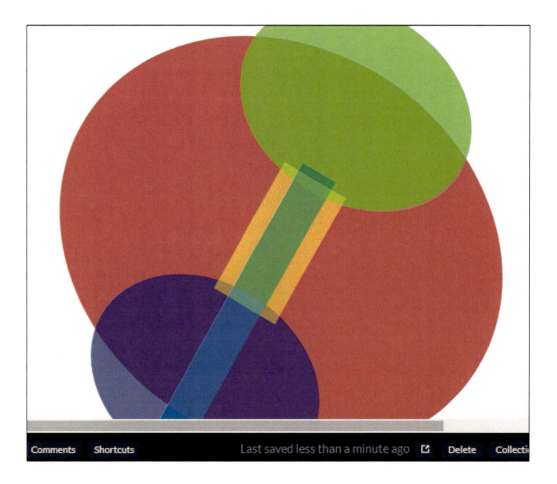

HTML

```
1: <div class="container">
2:   <div class="ellipse e1"></div>
3:   <div class="ellipse e2"></div>
4:   <div class="ellipse e3"></div>
5:   <div class="rect r1"></div>
6:   <div class="rect r2"></div>
7: </div>
```

CSS

```
53: .rect {
54:   position: absolute;
55:   transform: rotate(30deg);
56:   opacity: 0.5;
57: }
58:
59: .r1 {
```

```
60:     width: 60px;
61:     height: 120px;
62:     background-color: #ffff00;
63:     left: 275px;
64:     top: 186px;
65: }
66:
67: .r2 {
68:     width: 31.5px;
69:     height: 381px;
70:     background-color: #00ffff;
71:     left: 227px;
72:     top: 162px;
73: }
```

STEP6　仕上げ

　scaleを1.0倍に戻して、カットするパーツの背景色をホワイトに、残すパーツの背景色をブラックにします。最後にopacityを削除します。

CSS-1
```
 8: .container {
 9:   position: relative;
10:   height: 100vh;
11:   transform-origin: left top;
12:   transform: scale(1.0);
13:
14:   /* 背景画像の調整 - START */
15:   background-image: url(https://0css.github.io/svg/ax.svg);
```

CSS-2
```
28: .e1 {
29:   width: 392px;
30:   height: 326px;
31:   background-color: #000000;
```

```
32:     left: 109px;
33:     top: 84px;
34: }
35:
36: .e2 {
37:     width: 206px;
38:     height: 159px;
39:     background-color: #ffffff;
40:     left: 266px;
41:     top: 54px;
42: }
43:
44: .e3 {
45:     width: 206px;
46:     height: 159px;
47:     background-color: #ffffff;
48:     left: 137.5px;
49:     top: 278px;
50: }
51:
52: .rect {
53:     position: absolute;
54:     transform: rotate(30deg);
55: }
56:
57: .r1 {
58:     width: 60px;
59:     height: 120px;
60:     background-color: #ffffff;
61:     left: 275px;
62:     top: 186px;
63: }
64:
65: .r2 {
66:     width: 31.5px;
67:     height: 381px;
68:     background-color: #000000;
69:     left: 227px;
70:     top: 162px;
71: }
```

クリア　スキル獲得!!

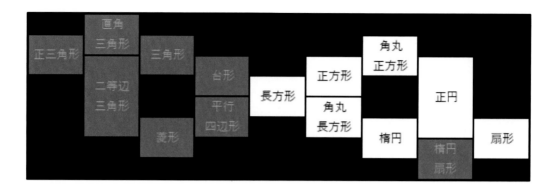

まとめ

・曲線が多い「カットが必要な難しいパーツ」は先に作る
・長方形などの「再現が簡単なパーツ」は、いくらでも上書きできるので、後回しにする

最後に、全体のソースコードです。

HTML
```
1: <div class="container">
2:   <div class="ellipse e1"></div>
3:   <div class="ellipse e2"></div>
4:   <div class="ellipse e3"></div>
5:   <div class="rect r1"></div>
6:   <div class="rect r2"></div>
7: </div>
```

CSS
```
 1: * {
 2:   margin: 0;
 3:   padding: 0;
 4:   border: 0;
 5:   box-sizing: border-box;
 6: }
 7:
 8: .container {
 9:   position: relative;
10:   height: 100vh;
11:   transform-origin: left top;
12:   transform: scale(1.0);
13:
```

```
14:    /* 背景画像の調整 - START */
15:    background-image: url(https://0css.github.io/svg/ax.svg);
16:    background-size: 500px auto; /* 「幅 高さ」 */
17:    background-position: 50px 50px ; /* 「x座標 y座標」 */
18:    background-repeat: no-repeat;
19:    /* 背景画像の調整 - END */
20: }
21:
22: .ellipse {
23:    position: absolute;
24:    border-radius: 50%;
25:    transform: rotate(30deg);
26: }
27:
28: .e1 {
29:    width: 392px;
30:    height: 326px;
31:    background-color: #000000;
32:    left: 109px;
33:    top: 84px;
34: }
35:
36: .e2 {
37:    width: 206px;
38:    height: 159px;
39:    background-color: #ffffff;
40:    left: 266px;
41:    top: 54px;
42: }
43:
44: .e3 {
45:    width: 206px;
46:    height: 159px;
47:    background-color: #ffffff;
48:    left: 137.5px;
49:    top: 278px;
50: }
51:
52: .rect {
53:    position: absolute;
54:    transform: rotate(30deg);
```

```
55: }
56:
57: .r1 {
58:   width: 60px;
59:   height: 120px;
60:   background-color: #ffffff;
61:   left: 275px;
62:   top: 186px;
63: }
64:
65: .r2 {
66:   width: 31.5px;
67:   height: 381px;
68:   background-color: #000000;
69:   left: 227px;
70:   top: 162px;
71: }
```

3.7 楕円扇形

クエスト名	死神の呪い
説明	500年前の死神の鎌には、大量の血がしみ込んでいる。刃を復元して、呪いから解放させよう。
メモ	「共通テンプレート」から新規作成して、内容を書き換えると早い
獲得条件	全てのグレーの部分をブラックの図形で埋める
前提スキル	[楕円] or [扇形]
推奨レベル	3〜
獲得報酬	レベル [+1]、スキル [楕円扇形]

https://0css.github.io/svg/scythe.svg

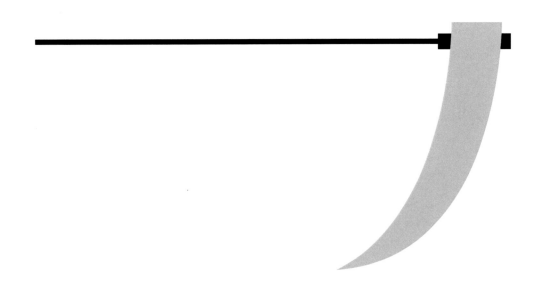

考え方

大鎌の刃は、楕円の扇形をふたつ作って、片方をカットすればできます。問題は刃と棒の接合部ですが、最終的には、全部ブラックにするので、棒の部分も後から重ねるだけでいけそうです。

STEP1　背景画像を設定する

　まずは画面の背景に「クエスト課題」である「大鎌のURL」を設定します。

　ここで、上にスペースが空きすぎているので「background-position: 50px 10px;」として、y座標を上に40pxずらします。

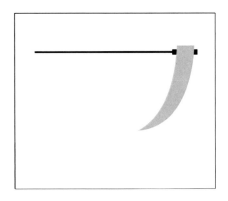

CSS

```
 8: .container {
 9:   position: relative;
10:   height: 100vh;
11:   transform-origin: left top;
12:   transform: scale(1.0);
13:
14:   /* 背景画像の調整 - START */
15:   background-image: url(https://0css.github.io/svg/scythe.svg);
16:   background-size: 500px auto; /* 「幅 高さ」 */
17:   background-position: 50px 10px; /* 「x座標 y座標」 */
18:   background-repeat: no-repeat;
19:   /* 背景画像の調整 - END */
20: }
```

STEP2　長方形を作る

　containerの中のdivに「ef1」というクラスを付けます。長方形のサイズは、長方形の中に刃がすっぽり収まるように作ります。ぱっと見「width: 150px;」「height: 250px;」くらいでしょうか。いつものように、レッドの背景色をつけて、半透明にしておきます。

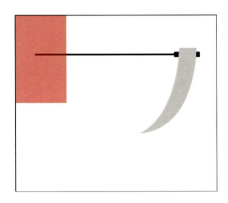

HTML

```
1: <div class="container">
2:   <div class="ef1"></div>
3: </div>
```

CSS

```
22: .ef1 {
23:   position: absolute;
24:   width: 150px;
25:   height: 250px;
26:   border-radius: 0;
27:   background-color: #ff0000;
28:   left: 0;
29:   top: 0;
30:   opacity: 0.5;
31: }
```

STEP3　長方形の位置をざっくり合わせる

　あらかじめscaleで1.5倍に大きくしておきます。そして、長方形の位置を合わせます。「刃の全体を長方形が囲ったときの左上の角」に、長方形の左上の角を合わせるイメージです。

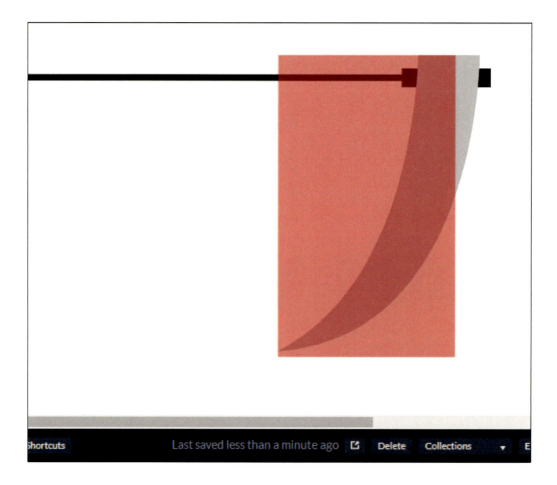

CSS-1

```
 8: .container {
 9:   position: relative;
10:   height: 100vh;
11:   transform-origin: left top;
12:   transform: scale(1.5);
13: 
14:   /* 背景画像の調整 - START */
15:   background-image: url(https://0css.github.io/svg/scythe.svg);
```

CSS-2

```
22: .ef1 {
23:   position: absolute;
24:   width: 150px;
25:   height: 250px;
26:   border-radius: 0;
27:   background-color: #ff0000;
```

```
28:    left: 363px;
29:    top: 93px;
30:    opacity: 0.5;
31: }
```

STEP4　長方形のサイズと位置を合わせる

　長方形のサイズと位置を調整します。背景画像と一致できたら、扇形にしてみます。刃のカーブは一発OKのようですね。

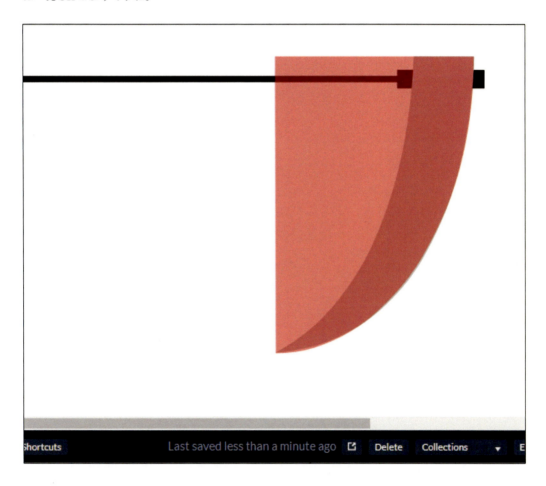

CSS

```
22: .ef1 {
23:    position: absolute;
24:    width: 170px;
25:    height: 246px;
26:    border-radius: 0 0 100% 0;
```

```
27:    background-color: #ff0000;
28:    left: 363px;
29:    top: 93px;
30:    opacity: 0.5;
31: }
```

STEP5　刃をカットする楕円扇形を作る

同様に、もう一つ「カット用の楕円扇形」を作ります。

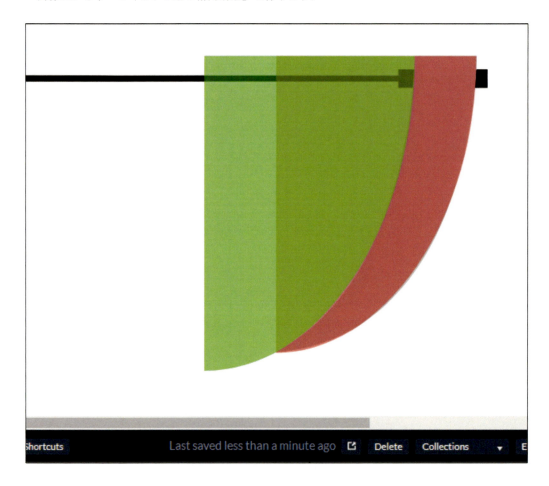

HTML
```
1: <div class="container">
2:     <div class="ef1"></div>
3:     <div class="ef2"></div>
4: </div>
```

CSS
```
33: .ef2 {
34:     position: absolute;
35:     width: 178.5px;
36:     height: 260.5px;
37:     border-radius: 0 0 100% 0;
38:     background-color: #00ff00;
39:     left: 302px;
40:     top: 93px;
41:     opacity: 0.5;
42: }
```

STEP6　ふたつの長方形で棒を作る

　後は、長方形を組み合わせて、刃と棒を組み合わせます。今回は、図形の傾きが無くて、少し楽ですね。

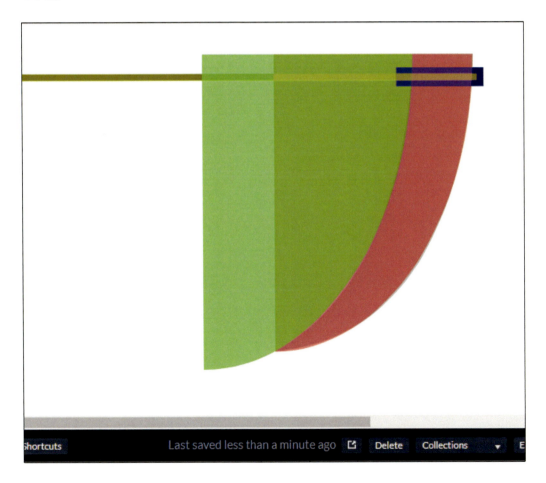

第3章　CSS図形の基本スキルを獲得する　123

HTML

```
1: <div class="container">
2:   <div class="ef1"></div>
3:   <div class="ef2"></div>
4:   <div class="rect1"></div>
5:   <div class="rect2"></div>
6: </div>
```

CSS

```
44: .rect1 {
45:   position: absolute;
46:   width: 76px;
47:   height: 16px;
48:   background-color: #0000ff;
49:   left: 467px;
50:   top: 104px;
51:   opacity: 0.5;
52: }
53:
54: .rect2 {
55:   position: absolute;
56:   width: 480px;
57:   height: 6px;
58:   background-color: #ffff00;
59:   left: 57px;
60:   top: 109px;
61:   opacity: 0.5;
62: }
```

STEP7　仕上げ

　scaleを1.0倍に戻して、カットするパーツの背景色をホワイトに、残すパーツの背景色をブラックにします。最後にopacityを削除します。

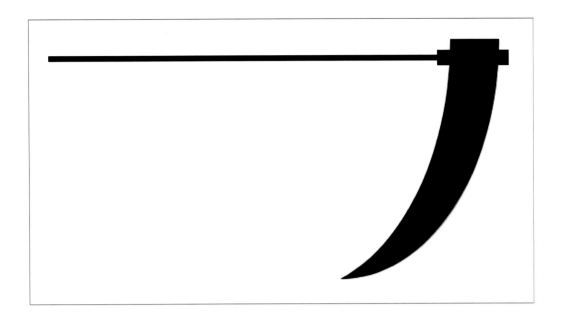

CSS-1

```
 8: .container {
 9:   position: relative;
10:   height: 100vh;
11:   transform-origin: left top;
12:   transform: scale(1.0);
13:
14:   /* 背景画像の調整 - START */
15:   background-image: url(https://0css.github.io/svg/scythe.svg);
```

CSS-2

```
22: .ef1 {
23:   position: absolute;
24:   width: 170px;
25:   height: 246px;
26:   border-radius: 0 0 100% 0;
27:   background-color: #000000;
28:   left: 363px;
29:   top: 93px;
30: }
31:
32: .ef2 {
33:   position: absolute;
34:   width: 178.5px;
35:   height: 260.5px;
```

第3章 CSS図形の基本スキルを獲得する

```
36:     border-radius: 0 0 100% 0;
37:     background-color: #ffffff;
38:     left: 302px;
39:     top: 93px;
40: }
41:
42: .rect1 {
43:     position: absolute;
44:     width: 76px;
45:     height: 16px;
46:     background-color: #000000;
47:     left: 467px;
48:     top: 104px;
49: }
50:
51: .rect2 {
52:     position: absolute;
53:     width: 480px;
54:     height: 6px;
55:     background-color: #000000;
56:     left: 57px;
57:     top: 109px;
58: }
```

クリア　スキル獲得!!

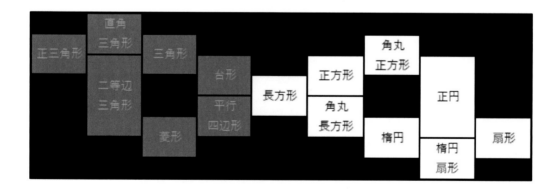

> まとめ
> ・サイズや位置合わせにscaleは欠かせない
> ・曲線は、全体を囲む長方形をつくってから合わせるとやりやすい

最後に、全体のソースコードです。

HTML

```
1: <div class="container">
2:   <div class="ef1"></div>
3:   <div class="ef2"></div>
4:   <div class="rect1"></div>
5:   <div class="rect2"></div>
6: </div>
```

CSS

```
 1: * {
 2:   margin: 0;
 3:   padding: 0;
 4:   border: 0;
 5:   box-sizing: border-box;
 6: }
 7:
 8: .container {
 9:   position: relative;
10:   height: 100vh;
11:   transform-origin: left top;
12:   transform: scale(1.0);
13:
14:   /* 背景画像の調整 - START */
15:   background-image: url(https://0css.github.io/svg/scythe.svg);
16:   background-size: 500px auto; /* 「幅 高さ」 */
17:   background-position: 50px 10px; /* 「x座標 y座標」 */
18:   background-repeat: no-repeat;
19:   /* 背景画像の調整 - END */
20: }
21:
22: .ef1 {
23:   position: absolute;
24:   width: 170px;
25:   height: 246px;
26:   border-radius: 0 0 100% 0;
27:   background-color: #000000;
```

```
28:    left: 363px;
29:    top: 93px;
30: }
31:
32: .ef2 {
33:    position: absolute;
34:    width: 178.5px;
35:    height: 260.5px;
36:    border-radius: 0 0 100% 0;
37:    background-color: #ffffff;
38:    left: 302px;
39:    top: 93px;
40: }
41:
42: .rect1 {
43:    position: absolute;
44:    width: 76px;
45:    height: 16px;
46:    background-color: #000000;
47:    left: 467px;
48:    top: 104px;
49: }
50:
51: .rect2 {
52:    position: absolute;
53:    width: 480px;
54:    height: 6px;
55:    background-color: #000000;
56:    left: 57px;
57:    top: 109px;
58: }
```

3.8 台形

クエスト名	ビッグボイス
説明	かつて声を大きくする不思議な筒があったらしい。くびれを作って、メガホンを手に入れよう。
メモ	「共通テンプレート」から新規作成して、内容を書き換えると早い
獲得条件	全てのグレーの部分をブラックの図形で埋める
前提スキル	[長方形]
推奨レベル	1〜
獲得報酬	レベル [+1]、スキル [台形]

https://0css.github.io/svg/megaphone.svg

第3章 CSS図形の基本スキルを獲得する

STEP1　背景画像を設定する

　まずは画面の背景に「クエスト課題」である「メガホンのURL」を設定します。
　ここで、上に大きくスペースが空きすぎているので「background-position: 50px 0;」として、y座標を上に50pxずらします。

CSS
```
 8: .container {
 9:   position: relative;
10:   height: 100vh;
11:   transform-origin: left top;
12:   transform: scale(1.0);
13:
14:   /* 背景画像の調整 - START */
15:   background-image: url(https://0css.github.io/svg/megaphone.svg);
16:   background-size: 500px auto; /* 「幅 高さ」 */
17:   background-position: 50px 0; /* 「x座標 y座標」 */
18:   background-repeat: no-repeat;
19:   /* 背景画像の調整 - END */
20: }
```

STEP2　長方形を作る

　左の大きい方の台形を想定して、長方形を作ります。そして「border-left: solid 350px #ff0000;」としておき、長方形の幅を同じ太さにします。

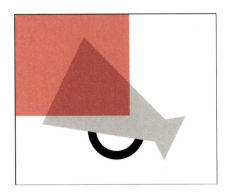

HTML
```
1: <div class="container">
2:     <div class="trapezoid1"></div>
3: </div>
```

CSS
```
22: .trapezoid1 {
23:     position: absolute;
24:     width: 350px;
25:     height: 300px;
26:     border-top: solid 0 #00ff00;
27:     border-bottom: solid 0 #0000ff;
28:     border-left: solid 350px #ff0000;
29:     left: 0;
30:     top: 0;
31:     transform: rotate(0deg);
32:     opacity: 0.5;
33: }
```

STEP3　ボーダーを侵食させて斜めの境界線を作る

topとbottomの線の太さを100px付けます。そうすると、leftがtopとbottomに侵食されます。

そもそも、長方形の高さが300pxだったため、topとbottomに100pxずつ侵食されて、右側が3色で3等分になっていますね。

第3章　CSS図形の基本スキルを獲得する | 131

CSS
```
24:    width: 350px;
25:    height: 300px;
26:    border-top: solid 100px #00ff00;
27:    border-bottom: solid 100px #0000ff;
28:    border-left: solid 350px #ff0000;
29:    left: 0;
```

STEP4　長方形の位置を合わせる

　ここの状態で、長方形の位置を背景画像に合わせます。

　今回のように、rotateなどの回転を含む図形の場合、図形が大きくなればなる程、回転前の位置調整とずれるケースが多いです。

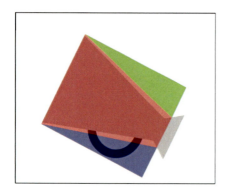

CSS
```
27:    border-bottom: solid 100px #0000ff;
28:    border-left: solid 350px #ff0000;
29:    left: 127.25px;
30:    top: 125px;
```

```
31:    transform: rotate(26.75deg);
32:    opacity: 0.5;
33: }
```

STEP5　長方形のサイズと位置を合わせる

　ここで、scaleを1.5倍にして、全体を大きくしておきます。そして、台形のサイズや斜めの角度を調整します。

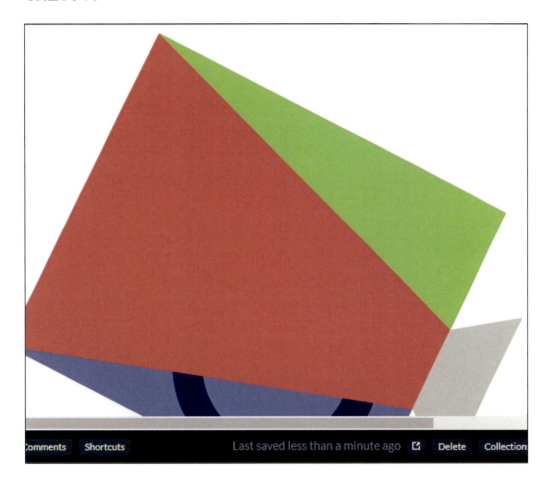

CSS-1

```
10:    height: 100vh;
11:    transform-origin: left top;
12:    transform: scale(1.5);
13:
14:    /* 背景画像の調整 - START */
15:    background-image: url(https://0css.github.io/svg/megaphone.svg);
```

CSS-2

```
22: .trapezoid1 {
23:   position: absolute;
24:   width: 332px;
25:   height: 290px;
26:   border-top: solid 108px #00ff00;
27:   border-bottom: solid 108px #0000ff;
28:   border-left: solid 332px #ff0000;
29:   left: 127.25px;
30:   top: 125px;
31:   transform: rotate(26.75deg);
32:   opacity: 0.5;
33: }
```

STEP6　右側の台形を作る

同様にして、右側の台形も作ります。

HTML

```
1: <div class="container">
2:   <div class="trapezoid1"></div>
3:   <div class="trapezoid2"></div>
4: </div>
```

CSS

```
35: .trapezoid2 {
36:   position: absolute;
37:   width: 51.5px;
38:   height: 147.5px;
39:   border-top: solid 37px #00ff00;
40:   border-bottom: solid 37px #0000ff;
41:   border-right: solid 51.5px #ff0000;
42:   left: 437.5px;
43:   top: 282px;
44:   transform: rotate(26.75deg);
```

```
45:    opacity: 0.5;
46: }
```

STEP7　仕上げ

　scaleを1.0倍に戻して、topとbottomの背景色をtransparentに、残すパーツの背景色をブラックにします。最後にopacityを削除します。

※ここで、topとbottomの背景色をホワイトにすると、取っ手の部分が隠れてしまいます

CSS
```
22: .trapezoid1 {
23:    position: absolute;
24:    width: 332px;
25:    height: 290px;
26:    border-top: solid 108px transparent;
```

```
27:    border-bottom: solid 108px transparent;
28:    border-left: solid 332px #000000;
29:    left: 127.25px;
30:    top: 125px;
31:    transform: rotate(26.75deg);
32: }
33:
34: .trapezoid2 {
35:    position: absolute;
36:    width: 51.5px;
37:    height: 147.5px;
38:    border-top: solid 37px transparent;
39:    border-bottom: solid 37px transparent;
40:    border-right: solid 51.5px #000000;
41:    left: 437.5px;
42:    top: 282px;
43:    transform: rotate(26.75deg);
44: }
```

クリア　スキル獲得!!

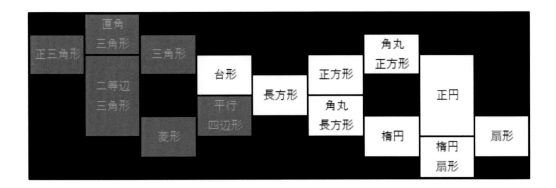

まとめ
- 各borderの太さを組み合わせて、斜めの境界線が作れる
- transparentを活用することで、取っ手などの不必要な描画が省略できる

最後に、全体のソースコードです。

HTML

```
1: <div class="container">
2:   <div class="trapezoid1"></div>
3:   <div class="trapezoid2"></div>
4: </div>
```

CSS

```
 1: * {
 2:   margin: 0;
 3:   padding: 0;
 4:   border: 0;
 5:   box-sizing: border-box;
 6: }
 7:
 8: .container {
 9:   position: relative;
10:   height: 100vh;
11:   transform-origin: left top;
12:   transform: scale(1.0);
13:
14:   /* 背景画像の調整 - START */
15:   background-image: url(https://0css.github.io/svg/megaphone.svg);
16:   background-size: 500px auto; /* 「幅 高さ」 */
17:   background-position: 50px 0; /* 「x座標 y座標」 */
18:   background-repeat: no-repeat;
19:   /* 背景画像の調整 - END */
20: }
21:
22: .trapezoid1 {
23:   position: absolute;
24:   width: 332px;
25:   height: 290px;
26:   border-top: solid 108px transparent;
27:   border-bottom: solid 108px transparent;
28:   border-left: solid 332px #000000;
29:   left: 127.25px;
30:   top: 125px;
31:   transform: rotate(26.75deg);
32: }
33:
34: .trapezoid2 {
```

```
35:     position: absolute;
36:     width: 51.5px;
37:     height: 147.5px;
38:     border-top: solid 37px transparent;
39:     border-bottom: solid 37px transparent;
40:     border-right: solid 51.5px #000000;
41:     left: 437.5px;
42:     top: 282px;
43:     transform: rotate(26.75deg);
44: }
```

3.9　三角形

クエスト名	朝の星
説明	空に輝く星の光は、非力な者に強大な力をもたらした。折れたトゲを復元して、その力を手に入れよう。
メモ	「共通テンプレート」から新規作成して、内容を書き換えると早い
獲得条件	全てのグレーの部分をブラックの図形で埋める
前提スキル	[台形]
推奨レベル	2〜
獲得報酬	レベル [+1]、スキル [三角形]

https://0css.github.io/svg/morning_star.svg

考え方

台形を作る時に、topやbottomを徐々に侵食させる手法を取りました。今回は、台形の上底が無くなるほどレベルで、侵食を太くしていきます。三角形がふたつありますが、ひとつ作ってから流用すればいけそうです。

STEP1　背景画像を設定する

まずは画面の背景に「クエスト課題」である「モーニングスターのURL」を設定します。

ここで、上にスペースが空きすぎているので「background-position: 50px 10px;」として、y座標を上に40pxずらします。

CSS

```
 8: .container {
 9:   position: relative;
10:   height: 100vh;
11:   transform-origin: left top;
12:   transform: scale(1.0);
13:
14:   /* 背景画像の調整 - START */
15:   background-image: url(https://0css.github.io/svg/morning_star.svg);
16:   background-size: 500px auto; /* 「幅 高さ」 */
17:   background-position: 50px 10px; /* 「x座標 y座標」 */
18:   background-repeat: no-repeat;
19:   /* 背景画像の調整 - END */
20: }
```

STEP2　長方形を作る

　左側の三角形用に長方形を作ります。container内のdivには「triangle1」というクラスを付けます。

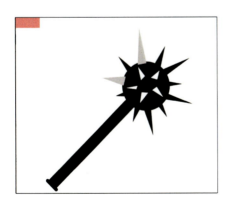

HTML

```
1: <div class="container">
2:   <div class="triangle1"></div>
3: </div>
```

CSS

```
22: .triangle1 {
23:   position: absolute;
24:   width: 70px;
25:   height: 30px;
26:   left: 0;
27:   top: 0;
28:   border-top: solid 0 #00ff00;
29:   border-right: solid 70px #ff0000;
30:   border-bottom: solid 0 #00ffff;
31:   transform-origin: left top;
32:   transform: rotate(0deg);
33:   opacity: 0.5;
34: }
```

STEP3 　長方形の位置を合わせる

　長方形の位置をざっくり合わせます。このとき、回転して大まかな角度も調整します。

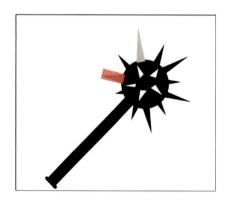

CSS

```
24:   width: 70px;
25:   height: 30px;
26:   left: 259px;
27:   top: 153px;
28:   border-top: solid 0 #00ff00;
```

```
29:     border-right: solid 70px #ff0000;
30:     border-bottom: solid 0 #00ffff;
31:     transform-origin: left top;
32:     transform: rotate(14deg);
33:     opacity: 0.5;
34: }
```

STEP4　長方形のサイズと位置を合わせる

　ちょっと長方形が小さいので、scaleを使って2.0倍の大きさにしておきます。そして、長方形の中に、三角形が収まるようにします。

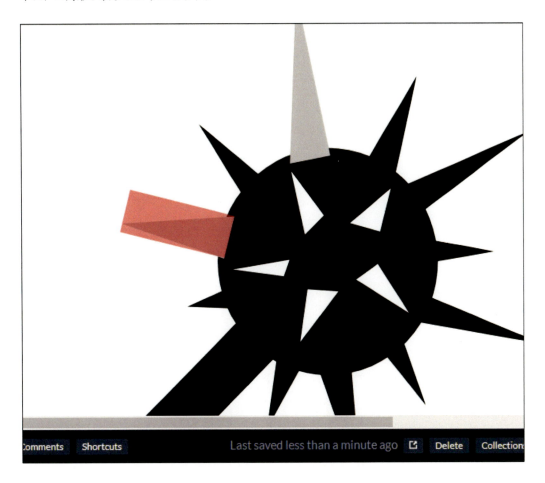

CSS-1
```
10:     height: 100vh;
11:     transform-origin: left top;
12:     transform: scale(2.0);
```

```
13:
14:   /* 背景画像の調整 - START */
15:   background-image: url(https://0css.github.io/svg/morning_star.svg);
```

CSS-2

```
22: .triangle1 {
23:   position: absolute;
24:   width: 68px;
25:   height: 27px;
26:   left: 259px;
27:   top: 153px;
28:   border-top: solid 0 #00ff00;
29:   border-right: solid 68px #ff0000;
30:   border-bottom: solid 0 #00ffff;
31:   transform-origin: left top;
32:   transform: rotate(14deg);
33:   opacity: 0.5;
34: }
```

STEP5　左側の三角形を作る

　ここで、topとbottomの線を太くして、徐々に侵食させます。ちょうど三角形と合うように調整します。

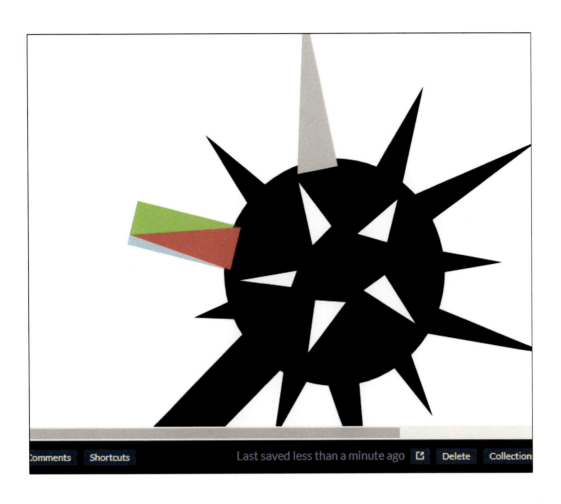

CSS
```
26:     left: 259px;
27:     top: 153px;
28:     border-top: solid 22px #00ff00;
29:     border-right: solid 68px #ff0000;
30:     border-bottom: solid 6px #00ffff;
31:     transform-origin: left top;
32:     transform: rotate(14deg);
```

STEP6 　右側の三角形を作る

同様に、三角形をもう一つ作ります。

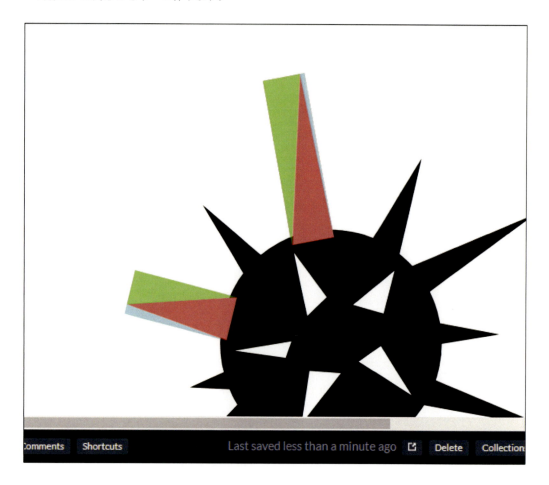

HTML

```
1: <div class="container">
2:   <div class="triangle1"></div>
3:   <div class="triangle2"></div>
4: </div>
```

CSS

```
36: .triangle2 {
37:     position: absolute;
38:     width: 27px;
39:     height: 104px;
40:     left: 341px;
41:     top: 35px;
42:     border-left: solid 24px #00ff00;
43:     border-right: solid 3px #00ffff;
44:     border-bottom: solid 104px #ff0000;
45:     transform-origin: left top;
46:     transform: rotate(-10.5deg);
47:     opacity: 0.5;
48: }
```

STEP7　仕上げ

　scaleを1.0倍に戻して、残すパーツの背景色をブラックに、それ以外はtransparentにします。最後にopacityを削除します。

CSS-1

```
10:    height: 100vh;
11:    transform-origin: left top;
12:    transform: scale(1.0);
13:
14:    /* 背景画像の調整 - START */
15:    background-image: url(https://0css.github.io/svg/morning_star.svg);
```

CSS-2

```
22: .triangle1 {
23:    position: absolute;
24:    width: 68px;
25:    height: 27px;
26:    left: 259px;
27:    top: 153px;
28:    border-top: solid 22px transparent;
29:    border-right: solid 68px #000000;
```

```
30:     border-bottom: solid 6px transparent;
31:     transform-origin: left top;
32:     transform: rotate(14deg);
33: }
34:
35: .triangle2 {
36:     position: absolute;
37:     width: 27px;
38:     height: 104px;
39:     left: 341px;
40:     top: 35px;
41:     border-left: solid 24px transparent;
42:     border-right: solid 3px transparent;
43:     border-bottom: solid 104px #000000;
44:     transform-origin: left top;
45:     transform: rotate(-10.5deg);
46: }
```

クリア　スキル獲得!!

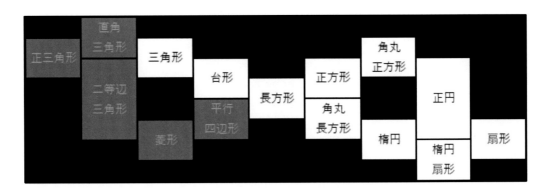

まとめ
- borderの侵食を進めることで三角形を作れる
- 「三角形の底辺」を「三角形全体を囲む長方形の1辺」と重ねてから、角度の調整をするとやりやすい

最後に、全体のソースコードです。

HTML
```
1: <div class="container">
2:     <div class="triangle1"></div>
3:     <div class="triangle2"></div>
```

```
4: </div>
```

CSS

```
 1: * {
 2:     margin: 0;
 3:     padding: 0;
 4:     border: 0;
 5:     box-sizing: border-box;
 6: }
 7:
 8: .container {
 9:     position: relative;
10:     height: 100vh;
11:     transform-origin: left top;
12:     transform: scale(1.0);
13:
14:     /* 背景画像の調整 - START */
15:     background-image: url(https://0css.github.io/svg/morning_star.svg);
16:     background-size: 500px auto; /* 「幅 高さ」 */
17:     background-position: 50px 10px; /* 「x座標 y座標」 */
18:     background-repeat: no-repeat;
19:     /* 背景画像の調整 - END */
20: }
21:
22: .triangle1 {
23:     position: absolute;
24:     width: 68px;
25:     height: 27px;
26:     left: 259px;
27:     top: 153px;
28:     border-top: solid 22px transparent;
29:     border-right: solid 68px #000000;
30:     border-bottom: solid 6px transparent;
31:     transform-origin: left top;
32:     transform: rotate(14deg);
33: }
34:
35: .triangle2 {
36:     position: absolute;
37:     width: 27px;
38:     height: 104px;
```

```
39:    left: 341px;
40:    top: 35px;
41:    border-left: solid 24px transparent;
42:    border-right: solid 3px transparent;
43:    border-bottom: solid 104px #000000;
44:    transform-origin: left top;
45:    transform: rotate(-10.5deg);
46: }
```

3.10 直角三角形

クエスト名	海王の証
説明	全世界の海を支配したポセイドンは、その永い眠りから覚めようとしている。ポセイドンの証を復元して、その力を手に入れよう。
メモ	「共通テンプレート」から新規作成して、内容を書き換えると早い
獲得条件	全てのグレーの部分をブラックの図形で埋める
前提スキル	[三角形]
推奨レベル	3〜
獲得報酬	レベル [+1]、スキル [直角三角形]

https://0css.github.io/svg/trident.svg

考え方

三角形を作る場合「top と bottom」「left と right」の線を太くすることで、三角形にしていました。これを「top のみ」や「left のみ」にすればいけそうです。

STEP1　背景画像を設定する

　まずは画面の背景に「クエスト課題」である「トライデントのURL」を設定します。

　今回は、背景画像の位置調整は必要ありません。

CSS

```
 8: .container {
 9:     position: relative;
10:     height: 100vh;
11:     transform-origin: left top;
12:     transform: scale(1.0);
13:
14:     /* 背景画像の調整 - START */
15:     background-image: url(https://0css.github.io/svg/trident.svg);
16:     background-size: 500px auto; /* 「幅 高さ」 */
17:     background-position: 50px 50px; /* 「x座標 y座標」 */
18:     background-repeat: no-repeat;
19:     /* 背景画像の調整 - END */
20: }
```

STEP2　長方形を作る

　直角三角形の「全体を囲むような」長方形を作ります。container内のdivには「triangle1」というクラス名を付けました。

HTML

```
1: <div class="container">
2:   <div class="triangle1"></div>
3: </div>
```

CSS

```
22: .triangle1 {
23:   position: absolute;
24:   width: 50px;
25:   height: 75px;
26:   left: 0;
27:   top: 0;
28:   background-color: #ff0000;
29:   border-right: solid 0 #00ff00;
30:   border-bottom: solid 0 #0000ff;
31:   transform-origin: left top;
32:   transform: rotate(0deg);
33:   opacity: 0.5;
34: }
```

STEP3　長方形の位置を合わせる

　長方形の位置をざっくり合わせます。
　合わせてみると、けっこう長方形のサイズが大きかったようです。

CSS

```
22: .triangle1 {
23:   position: absolute;
24:   width: 50px;
25:   height: 75px;
```

```
26:     left: 426px;
27:     top: 66px;
28:     background-color: #ff0000;
29:     border-right: solid 0 #00ff00;
30:     border-bottom: solid 0 #0000ff;
31:     transform-origin: left top;
32:     transform: rotate(44.5deg);
33:     opacity: 0.5;
34: }
```

STEP4　長方形のサイズと位置を合わせる

　ちょっと長方形が小さいので、scaleを使って1.5倍の大きさにしておきます。

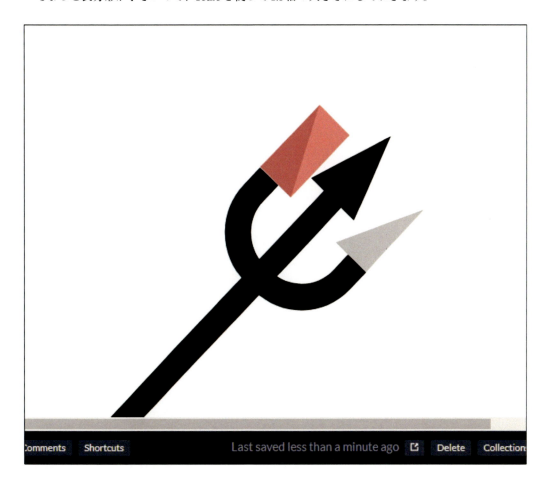

CSS-1

```
10:    height: 100vh;
11:    transform-origin: left top;
12:    transform: scale(1.5);
13:
14:    /* 背景画像の調整 - START */
15:    background-image: url(https://0css.github.io/svg/trident.svg);
```

CSS-2

```
22: .triangle1 {
23:    position: absolute;
24:    width: 36px;
25:    height: 72px;
26:    left: 426px;
27:    top: 66px;
28:    background-color: #ff0000;
29:    border-right: solid 0 #00ff00;
30:    border-bottom: solid 0 #0000ff;
31:    transform-origin: left top;
32:    transform: rotate(44.5deg);
33:    opacity: 0.5;
34: }
```

STEP5　三角形を作る

　ここでbottomとrightに太さを持たせます。そうすることで、bottomとrightの境界線が出来て、直角三角形となります。

CSS
```
27:     top: 66px;
28:     background-color: #ff0000;
29:     border-right: solid 36px #00ff00;
30:     border-bottom: solid 72px #0000ff;
31:     transform-origin: left top;
32:     transform: rotate(44.5deg);
```

STEP6　右側の三角形を作る

　同様に、右側の三角形を作ります。左側の三角形は「bottomとright」の組み合わせでしたが、左右逆になるので「bottomとleft」の組み合わせとなります。

HTML

```
1: <div class="container">
2:   <div class="triangle1"></div>
3:   <div class="triangle2"></div>
4: </div>
```

CSS

```
36: .triangle2 {
37:     position: absolute;
38:     width: 36px;
39:     height: 72px;
40:     left: 490px;
41:     top: 128px;
42:     background-color: #ff0000;
43:     border-bottom: solid 72px #0000ff;
44:     border-left: solid 36px #00ff00;
45:     transform-origin: left top;
46:     transform: rotate(44.5deg);
47:     opacity: 0.5;
48: }
```

STEP7　仕上げ

　scaleを1.0倍に戻して、残すパーツの背景色をブラックに、それ以外はtransparentにします。最後に、あらかじめ付けておいたbackground-colorとopacityを削除します。

CSS-1

```
10:     height: 100vh;
11:     transform-origin: left top;
12:     transform: scale(1.0);
13:
14:     /* 背景画像の調整 - START */
15:     background-image: url(https://0css.github.io/svg/trident.svg);
```

CSS-2

```
22: .triangle1 {
23:     position: absolute;
24:     width: 36px;
25:     height: 72px;
26:     left: 426px;
27:     top: 66px;
28:     border-right: solid 36px transparent;
29:     border-bottom: solid 72px #000000;
```

```
30:     transform-origin: left top;
31:     transform: rotate(44.5deg);
32: }
33:
34: .triangle2 {
35:     position: absolute;
36:     width: 36px;
37:     height: 72px;
38:     left: 490px;
39:     top: 128px;
40:     border-bottom: solid 72px #000000;
41:     border-left: solid 36px transparent;
42:     transform-origin: left top;
43:     transform: rotate(44.5deg);
44: }
```

クリア　スキル獲得!!

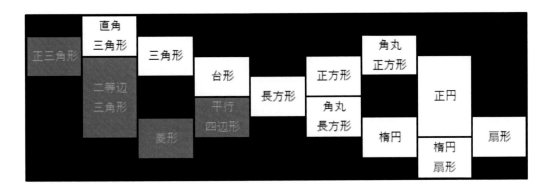

まとめ
- ふたつのborderの侵食を使うことで直角三角形を作れる
- 長方形にレッド背景色をつけておくことで、最初から太いborderでの位置合わせは、必要は無くなる

最後に、全体のソースコードです。

HTML
```
1: <div class="container">
2:     <div class="triangle1"></div>
3:     <div class="triangle2"></div>
4: </div>
```

CSS

```css
 1: * {
 2:   margin: 0;
 3:   padding: 0;
 4:   border: 0;
 5:   box-sizing: border-box;
 6: }
 7:
 8: .container {
 9:   position: relative;
10:   height: 100vh;
11:   transform-origin: left top;
12:   transform: scale(1.0);
13:
14:   /* 背景画像の調整 - START */
15:   background-image: url(https://0css.github.io/svg/trident.svg);
16:   background-size: 500px auto; /* 「幅 高さ」 */
17:   background-position: 50px 50px; /* 「x座標 y座標」 */
18:   background-repeat: no-repeat;
19:   /* 背景画像の調整 - END */
20: }
21:
22: .triangle1 {
23:   position: absolute;
24:   width: 36px;
25:   height: 72px;
26:   left: 426px;
27:   top: 66px;
28:   border-right: solid 36px transparent;
29:   border-bottom: solid 72px #000000;
30:   transform-origin: left top;
31:   transform: rotate(44.5deg);
32: }
33:
34: .triangle2 {
35:   position: absolute;
36:   width: 36px;
37:   height: 72px;
38:   left: 490px;
39:   top: 128px;
40:   border-bottom: solid 72px #000000;
```

```
41:     border-left: solid 36px transparent;
42:     transform-origin: left top;
43:     transform: rotate(44.5deg);
44: }
```

3.11 正三角形

クエスト名	魔力の解放
説明	魔方陣を秘めた古代のカッターは、その存在を忘れ去られた。魔方陣を復元して、カッターを手に入れよう。
メモ	「共通テンプレート」から新規作成して、内容を書き換えると早い
獲得条件	全てのグレーの部分をブラックの図形で埋める
前提スキル	[直角三角形] or [二等辺三角形]
推奨レベル	4〜
獲得報酬	レベル [+1]、スキル [正三角形]

https://0css.github.io/svg/six_cutter.svg

> **考え方**
> 六芒星ですので、正三角形がふたつ重なっていると考えます。正三角形をひとつ完成させれば、ふたつ目は回転させるだけでいけそうです。

STEP1　背景画像を設定する

　まずは画面の背景に「クエスト課題」である「六芒星カッターのURL」を設定します。

　ここで、上にスペースが空きすぎているので「background-position: 50px 10px;」として、y座標を上に40pxずらします。

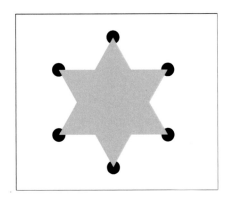

CSS
```
 8: .container {
 9:   position: relative;
10:   height: 100vh;
11:   transform-origin: left top;
12:   transform: scale(1.0);
13:
14:   /* 背景画像の調整 - START */
15:   background-image: url(https://0css.github.io/svg/six_cutter.svg);
16:   background-size: 500px auto; /* 「幅 高さ」 */
17:   background-position: 50px 10px; /* 「x座標 y座標」 */
18:   background-repeat: no-repeat;
19:   /* 背景画像の調整 - END */
20: }
```

STEP2　長方形を作る

今までは、何となく背景画像に図形を合わせていました。今回は「正三角形」ですので、数学的に幅や高さを決められます。

正三角形を均等にふたつに分割すると、三角比「$1:2:\sqrt{3}$」の直角三角形ができます。つまり、正三角形の「width：height ＝ $2:\sqrt{3}$」ということになります。「$\sqrt{3} = 1.7320508…$」(ひとなみにおごれや)なので、「1.732」を使用すればOKです。

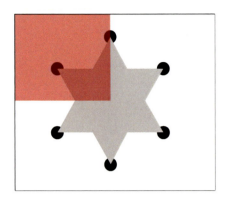

HTML
```
1: <div class="container">
2:     <div class="triangle1"></div>
3: </div>
```

CSS
```
22: .triangle1 {
23:     position: absolute;
24:     width: 300px;
25:     height: calc(300px / 2 * 1.732);
26:     background-color: #ff0000;
27:     left: 0;
28:     top: 0;
29:     border-right: solid 0 #00ff00;
30:     border-bottom: solid 0 #0000ff;
31:     border-left: solid 0 #ffff00;
32:     opacity: 0.5;
33: }
```

STEP3　長方形の位置を合わせる

　長方形の位置をざっくり合わせます。三角形の底辺に、長方形の下の辺を重ねます。結構サイズが小さかったようですね。

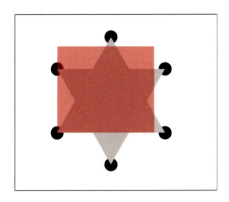

CSS
```
4:    height: calc(300px / 2 * 1.732);
5:    background-color: #ff0000;
6:    left: 133px;
7:    top: 96px;
8:    border-right: solid 0 #00ff00;
9:    border-bottom: solid 0 #0000ff;
```

STEP4　長方形のサイズを合わせる

　長方形の幅を、正三角形の底辺の長さと合わせます。高さの計算も忘れずに更新します。

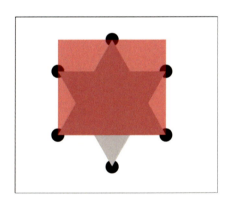

CSS
```
22: .triangle1 {
23:    position: absolute;
24:    width: 334px;
25:    height: calc(334px / 2 * 1.732);
26:    background-color: #ff0000;
27:    left: 133px;
```

第3章　CSS図形の基本スキルを獲得する

STEP5　三角形を作る

　長方形の調整が終わったので、borderを設定して、三角形を作ります。bottomが「三角形高さ」に相当するので、計算を忘れないようにします。

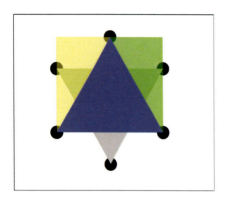

CSS
```
22: .triangle1 {
23:   position: absolute;
24:   width: 334px;
25:   height: calc(334px / 2 * 1.732);
26:   background-color: #ff0000;
27:   left: 133px;
28:   top: 68px;
29:   border-right: solid 167px #00ff00;
30:   border-bottom: solid calc(334px / 2 * 1.732) #0000ff;
31:   border-left: solid 167px #ffff00;
32:   opacity: 0.5;
33: }
```

STEP6　三角形をもうひとつ作る

　同様に、正三角形をもうひとつ作ります。向きが逆なだけなので、多くの部分が流用できます。

HTML

```
1: <div class="container">
2:   <div class="triangle1"></div>
3:   <div class="triangle2"></div>
4: </div>
```

CSS

```
35: .triangle2 {
36:   position: absolute;
37:   width: 334px;
38:   height: calc(334px / 2 * 1.732);
39:   background-color: #ff0000;
40:   left: 133px;
41:   top: 164px;
42:   border-top: solid calc(334px / 2 * 1.732) #0000ff;
43:   border-right: solid 167px #00ff00;
44:   border-left: solid 167px #ffff00;
45:   opacity: 0.5;
46: }
```

STEP7　仕上げ

　残すパーツの背景色をブラックに、それ以外はtransparentにします。最後に、background-colorとopacityを削除します。

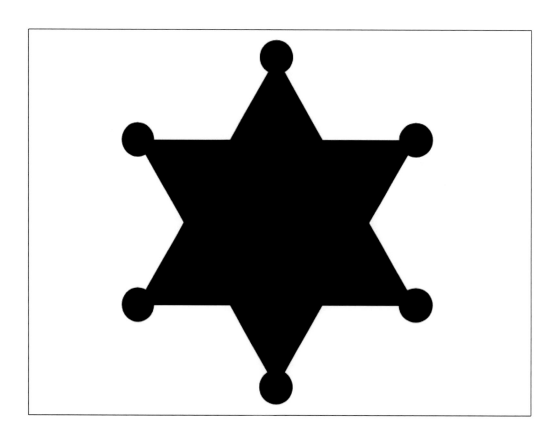

CSS

```
22: .triangle1 {
23:     position: absolute;
24:     width: 334px;
25:     height: calc(334px / 2 * 1.732);
26:     left: 133px;
27:     top: 68px;
28:     border-right: solid 167px transparent;
29:     border-bottom: solid calc(334px / 2 * 1.732) #000000;
30:     border-left: solid 167px transparent;
31: }
32:
33: .triangle2 {
34:     position: absolute;
35:     width: 334px;
36:     height: calc(334px / 2 * 1.732);
37:     left: 133px;
38:     top: 164px;
39:     border-top: solid calc(334px / 2 * 1.732) #000000;
```

```
40:    border-right: solid 167px transparent;
41:    border-left: solid 167px transparent;
42: }
```

クリア　スキル獲得!!

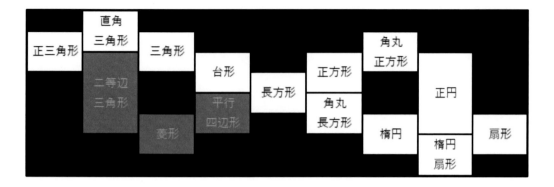

まとめ

- 正三角形などの特定の図形では、数学的に幅と高さを出すことができる
- 平方根(ルート)の値は、少数にして使用する → 「√3 = 1.7320508...」なので「1.732」

最後に、全体のソースコードです。

HTML
```
1: <div class="container">
2:    <div class="triangle1"></div>
3:    <div class="triangle2"></div>
4: </div>
```

CSS
```
 1: * {
 2:    margin: 0;
 3:    padding: 0;
 4:    border: 0;
 5:    box-sizing: border-box;
 6: }
 7:
 8: .container {
 9:    position: relative;
10:    height: 100vh;
```

```css
11:    transform-origin: left top;
12:    transform: scale(1.0);
13:
14:    /* 背景画像の調整 - START */
15:    background-image: url(https://0css.github.io/svg/six_cutter.svg);
16:    background-size: 500px auto; /* 「幅 高さ」 */
17:    background-position: 50px 10px; /* 「x座標 y座標」 */
18:    background-repeat: no-repeat;
19:    /* 背景画像の調整 - END */
20: }
21:
22: .triangle1 {
23:    position: absolute;
24:    width: 334px;
25:    height: calc(334px / 2 * 1.732);
26:    left: 133px;
27:    top: 68px;
28:    border-right: solid 167px transparent;
29:    border-bottom: solid calc(334px / 2 * 1.732) #000000;
30:    border-left: solid 167px transparent;
31: }
32:
33: .triangle2 {
34:    position: absolute;
35:    width: 334px;
36:    height: calc(334px / 2 * 1.732);
37:    left: 133px;
38:    top: 164px;
39:    border-top: solid calc(334px / 2 * 1.732) #000000;
40:    border-right: solid 167px transparent;
41:    border-left: solid 167px transparent;
42: }
```

3.12 平行四辺形

クエスト名	アローエクスプレス
説明	海戦で無敵を誇った超特急の矢は、羽を失った。羽を復活させて、矢を手に入れよう。
メモ	「共通テンプレート」から新規作成して、内容を書き換えると早い
獲得条件	全てのグレーの部分をブラックの図形で埋める
前提スキル	[長方形]
推奨レベル	1〜
獲得報酬	レベル [+1]、スキル [平行四辺形]

https://0css.github.io/svg/arrow.svg

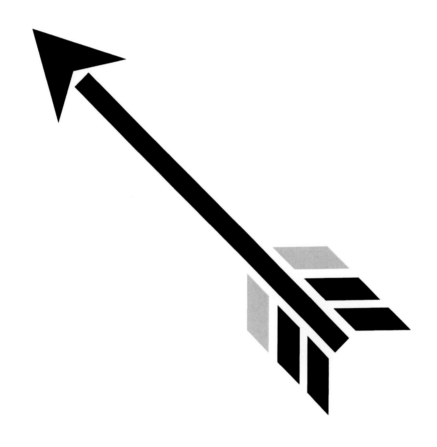

STEP1　背景画像を設定する

まずは画面の背景に「クエスト課題」である「矢のURL」を設定します。

ここで、上にスペースが空きすぎているので「background-position: 50px 0;」として、y座標を上に50pxずらします。

CSS
```
 8: .container {
 9:   position: relative;
10:   height: 100vh;
11:   transform-origin: left top;
12:   transform: scale(1.0);
13:
14:   /* 背景画像の調整 - START */
15:   background-image: url(https://0css.github.io/svg/arrow.svg);
16:   background-size: 500px auto; /* 「幅 高さ」 */
17:   background-position: 50px 0; /* 「x座標 y座標」 */
18:   background-repeat: no-repeat;
19:   /* 背景画像の調整 - END */
20: }
```

STEP2　長方形を作る

「羽の底辺」と同じくらいの幅の長方形をつくります。container内のdivには、「parallelogram1」というクラス名を付けます。

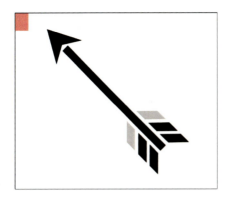

HTML
```
1: <div class="container">
2:   <div class="parallelogram1"></div>
3: </div>
```

CSS
```
22: .parallelogram1 {
23:   position: absolute;
24:   width: 40px;
25:   height: 50px;
26:   left: 0;
27:   top: 0;
28:   background-color: #ff0000;
29:   transform:  rotate(0deg);
30:   opacity: 0.5;
31: }
```

STEP3　長方形の位置を合わせる

　長方形の位置をざっくり合わせます。平行四辺形の底辺となる辺を合わせておくと、後で楽です。

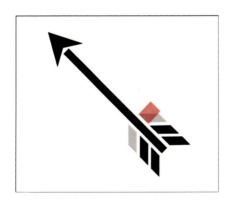

CSS

```
22: .parallelogram1 {
23:     position: absolute;
24:     width: 40px;
25:     height: 50px;
26:     left: 368px;
27:     top: 248px;
28:     background-color: #ff0000;
29:     transform:  rotate(44deg);
30:     opacity: 0.5;
31: }
```

STEP4　長方形のサイズと位置を合わせる

　ちょっと長方形が小さいので、scaleを使って2.0倍の大きさにしておきます。そして、skewで長方形を斜めにゆがめて、サイズと位置の調整をします。

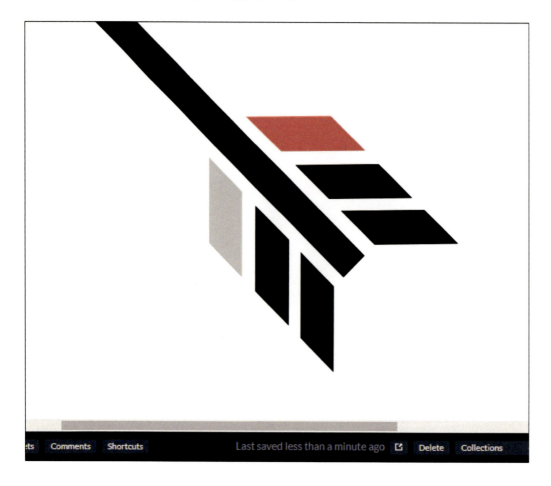

CSS-1

```
10:    height: 100vh;
11:    transform-origin: left top;
12:    transform: scale(2.0);
13:
14:    /* 背景画像の調整 - START */
15:    background-image: url(https://0css.github.io/svg/arrow.svg);
```

CSS-2

```
22: .parallelogram1 {
23:    position: absolute;
24:    width: 34.5px;
25:    height: 43.25px;
26:    left: 379px;
27:    top: 266.25px;
28:    background-color: #ff0000;
29:    transform:   rotate(44.25deg)  skew(-45deg);
30:    opacity: 0.5;
31: }
```

STEP5　左下の羽を作る

　同様に、左下の羽も作ります。

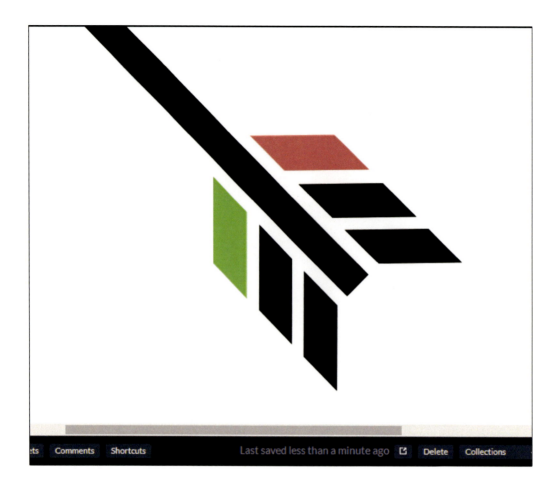

HTML
```
1: <div class="container">
2:   <div class="parallelogram1"></div>
3:   <div class="parallelogram2"></div>
4: </div>
```

CSS
```
33: .parallelogram2 {
34:   position: absolute;
35:   width: 34.5px;
36:   height: 43.25px;
37:   left: 322px;
38:   top: 326px;
39:   background-color: #00ff00;
40:   transform:  rotate(45deg) skew(45deg);
41:   opacity: 0.5;
42: }
```

STEP6　仕上げ

scale を 1.0 倍に戻して、羽のパーツの背景色をブラックにします。最後に opacity を削除します。

CSS-1

```
 8: .container {
 9:   position: relative;
10:   height: 100vh;
11:   transform-origin: left top;
12:   transform: scale(1.0);
13:
14:   /* 背景画像の調整 - START */
15:   background-image: url(https://0css.github.io/svg/arrow.svg);
```

CSS-2

```
22: .parallelogram1 {
23:   position: absolute;
24:   width: 34.5px;
25:   height: 43.25px;
```

```
26:     left: 379px;
27:     top: 266.25px;
28:     background-color: #000000;
29:     transform:  rotate(44.25deg) skew(-45deg);
30: }
31:
32: .parallelogram2 {
33:     position: absolute;
34:     width: 34.5px;
35:     height: 43.25px;
36:     left: 322px;
37:     top: 326px;
38:     background-color: #000000;
39:     transform:  rotate(45deg) skew(45deg);
40: }
```

クリア　スキル獲得!!

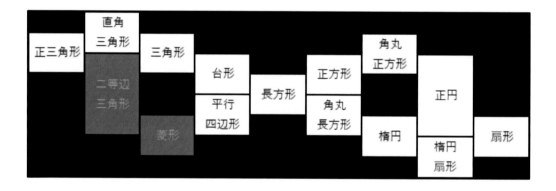

まとめ
- 平行四辺形も「長方形」の一種なので、位置やサイズを合わせてから変形させた方が良い
- 少数点以下の値も使用して、なるべく背景画像に一致させる

最後に、全体のソースコードです。

HTML
```
1: <div class="container">
2:     <div class="parallelogram1"></div>
3:     <div class="parallelogram2"></div>
4: </div>
```

CSS

```css
 1: * {
 2:   margin: 0;
 3:   padding: 0;
 4:   border: 0;
 5:   box-sizing: border-box;
 6: }
 7: 
 8: .container {
 9:   position: relative;
10:   height: 100vh;
11:   transform-origin: left top;
12:   transform: scale(1.0);
13: 
14:   /* 背景画像の調整 - START */
15:   background-image: url(https://0css.github.io/svg/arrow.svg);
16:   background-size: 500px auto; /* 「幅 高さ」 */
17:   background-position: 50px 0; /* 「x座標 y座標」 */
18:   background-repeat: no-repeat;
19:   /* 背景画像の調整 - END */
20: }
21: 
22: .parallelogram1 {
23:   position: absolute;
24:   width: 34.5px;
25:   height: 43.25px;
26:   left: 379px;
27:   top: 266.25px;
28:   background-color: #000000;
29:   transform:  rotate(44.25deg) skew(-45deg);
30: }
31: 
32: .parallelogram2 {
33:   position: absolute;
34:   width: 34.5px;
35:   height: 43.25px;
36:   left: 322px;
37:   top: 326px;
38:   background-color: #000000;
39:   transform:  rotate(45deg) skew(45deg);
40: }
```

> **コラム**
>
> かなり CSS 図形に強くなりましたね！もし、スキルパネルをゾーン分けすると、左側が斜め系、右側が曲線系のスキルとなっています。残るクエストも、今まで身に着けてきたスキルを組み合わせることで、難なくクリアできる内容となっています。ここから、ラストスパートをかけていきましょう。

3.13　菱形

クエスト名	忍びの一撃
説明	極東の島国で、新しい飛び道具が発見された。刃を復元して、手裏剣を手に入れよう。
メモ	「共通テンプレート」から新規作成して、内容を書き換えると早い
獲得条件	全てのグレーの部分をブラックの図形で埋める
前提スキル	[平行四辺形]
推奨レベル	2〜
獲得報酬	レベル [+1]、スキル [菱形]

https://0css.github.io/svg/ninja_star.svg

考え方
平行四辺形の一種ですが、すべての辺の長さを一緒にする必要があります。まずは、底辺の長さを合わせてから、いい感じの斜めの辺ができる高さを調整すればいけそうです。

STEP1　背景画像を設定する

　まずは画面の背景に「クエスト課題」である「手裏剣のURL」を設定します。
　今回は、背景画像の位置調整は必要ありません。

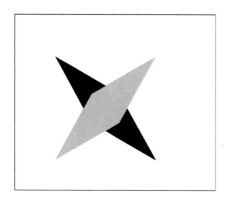

CSS

```
 8: .container {
 9:   position: relative;
10:   height: 100vh;
11:   transform-origin: left top;
12:   transform: scale(1.0);
13:
14:   /* 背景画像の調整 - START */
15:   background-image: url(https://0css.github.io/svg/ninja_star.svg);
16:   background-size: 500px auto; /* 「幅 高さ」 */
17:   background-position: 50px 50px; /* 「x座標 y座標」 */
18:   background-repeat: no-repeat;
19:   /* 背景画像の調整 - END */
20: }
```

STEP2　長方形を作る

　けっこう大き目な長方形を作ります。containerの中のdivに「diamond」というクラス名を付けます。また、後で変形させることが分かっているので、「transform: rotate(0deg) skew(0deg);」を入れておきます。

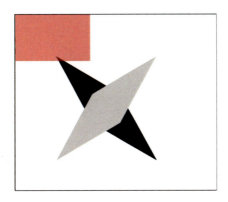

HTML
```
1: <div class="container">
2:   <div class="diamond"></div>
3: </div>
```

CSS
```
22: .diamond {
23:   position: absolute;
24:   width: 250px;
25:   height: 150px;
26:   left: 0;
27:   top: 0;
28:   background-color: #ff0000;
29:   transform-origin: left top;
30:   transform: rotate(0deg) skew(0deg);
31:   opacity: 0.5;
32: }
```

STEP3　長方形の位置を合わせる

　長方形の位置をざっくり合わせます。「transform-origin: left top;」として、左上を基準に変形させるので、上の辺を底辺として、長方形の辺を合わせます。

CSS
```
25:    height: 150px;
26:    left: 257px;
27:    top: 256px;
28:    background-color: #ff0000;
29:    transform-origin: left top;
30:    transform: rotate(-29.5deg) skew(0deg);
31:    opacity: 0.5;
32: }
```

STEP4　長方形のサイズと位置を合わせる

　長方形のサイズと位置を合わせます。もし「菱形の尖っている角度」が分かれば、数学的に「幅や高さ」を出せるとは思います。ただし、正三角形のように、きれいな整数の角度にならないと、計算量が増えて、かえって手間が掛かります。そこで今回は、背景画像に合わせて調整していく手法を採ります。

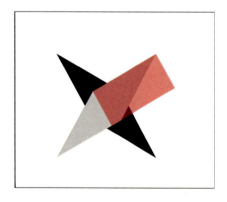

CSS
```
22: .diamond {
23:   position: absolute;
24:   width: 247px;
25:   height: 127px;
26:   left: 257px;
27:   top: 256px;
```

STEP5　長方形をゆがめる

　長方形のをskewでゆがめます。左上が基点なので、マイナス方向にゆがめます。長方形の調整がうまくいくと、菱形も綺麗にできます。もし、背景画像などの「参考にするものがない」場合は、直角三角形4つに分割して組み合わせればOKです。

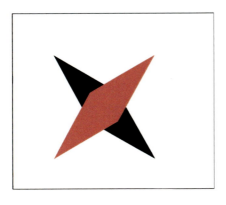

CSS
```
22: .diamond {
23:   position: absolute;
24:   width: 247px;
25:   height: 127px;
26:   left: 257px;
27:   top: 256px;
28:   background-color: #ff0000;
29:   transform-origin: left top;
30:   transform: rotate(-29.5deg) skew(-59deg);
31:   opacity: 0.5;
32: }
```

STEP6　仕上げ

　菱形の背景色をブラックにします。最後にopacityを削除します。

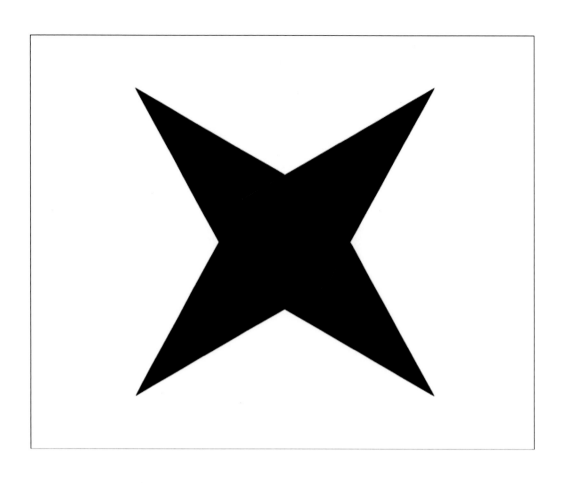

CSS

```
22: .diamond {
23:   position: absolute;
24:   width: 247px;
25:   height: 127px;
26:   left: 257px;
27:   top: 256px;
28:   background-color: #000000;
29:   transform-origin: left top;
30:   transform: rotate(-29.5deg) skew(-59deg);
31: }
```

クリア　スキル獲得!!

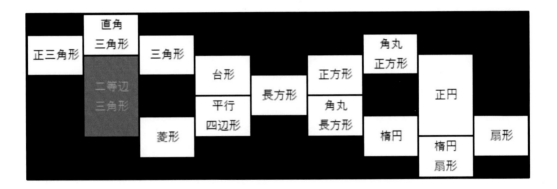

まとめ

・長方形の幅や高さの計算量が多くなる場合は、素直に背景画像に合わせた方が良い
・直角三角形に分割するなど、既存のスキルの組み合わせで対応できる場合もある

最後に、全体のソースコードです。

HTML

```
1: <div class="container">
2:   <div class="diamond"></div>
3: </div>
```

CSS

```
1: * {
2:   margin: 0;
3:   padding: 0;
4:   border: 0;
```

```
 5:    box-sizing: border-box;
 6: }
 7:
 8: .container {
 9:    position: relative;
10:    height: 100vh;
11:    transform-origin: left top;
12:    transform: scale(1.0);
13:
14:    /* 背景画像の調整 - START */
15:    background-image: url(https://0css.github.io/svg/ninja_star.svg);
16:    background-size: 500px auto;  /* 「幅 高さ」 */
17:    background-position: 50px 50px;  /* 「x座標 y座標」 */
18:    background-repeat: no-repeat;
19:    /* 背景画像の調整 - END */
20: }
21:
22: .diamond {
23:    position: absolute;
24:    width: 247px;
25:    height: 127px;
26:    left: 257px;
27:    top: 256px;
28:    background-color: #000000;
29:    transform-origin: left top;
30:    transform: rotate(-29.5deg) skew(-59deg);
31: }
```

> **コラム**
>
> 菱形を作ってみて、「あっさり終わってしまった」と感じるかもしれません。確かにそうなのです。これは、今まで取り組んできた努力が「キッチリ身に付いた」ということの裏返しでもあります。基本スキルの残りはひとつです。身に付いたスキルを駆使して、有終の美を飾りましょう。

3.14 二等辺三角形

クエスト名	最後の鍵
説明	最後の宝箱を開ける鍵は、星の魔力が無くなってしまった。星を復元して魔力を復活させよう。
メモ	「共通テンプレート」から新規作成して、内容を書き換えると早い
獲得条件	全てのグレーの部分をブラックの図形で埋める
前提スキル	[菱形] or [直角三角形]
推奨レベル	3〜
獲得報酬	レベル [+1]、スキル [二等辺三角形]

https://0css.github.io/svg/star_key.svg

> **考え方**
>
> 星の形は「5角形の外側に5つの三角形がくっついている」と考えます。五角形の外側にふたつの三角形がくっつくと、大きな三角形になります。この大きな三角形を3つ作って重ね、回転させて配置すればいけそうです。

STEP1　背景画像を設定する

まずは画面の背景に「クエスト課題」である「星の鍵のURL」を設定します。
今回は、背景画像の位置調整は必要ありません。

CSS

```
 8: .container {
 9:   position: relative;
10:   height: 100vh;
11:   transform-origin: left top;
12:   transform: scale(1.0);
13:
14:   /* 背景画像の調整 - START */
15:   background-image: url(https://0css.github.io/svg/star_key.svg);
16:   background-size: 500px auto; /* 「幅 高さ」 */
17:   background-position: 50px 50px; /* 「x座標 y座標」 */
18:   background-repeat: no-repeat;
19:   /* 背景画像の調整 - END */
20: }
```

STEP2　長方形を作る

　大きい三角形が、長方形に収まるようなサイズで長方形を作ります。container内のdivには「triangle1」というクラス名を付けました。

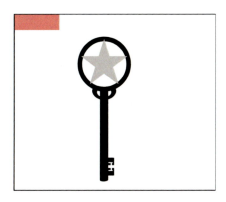

HTML

```
1: <div class="container">
2:   <div class="triangle1"></div>
3: </div>
```

CSS

```
22: .triangle1 {
23:   position: absolute;
24:   width: 150px;
25:   height: 50px;
26:   background-color: #ff0000;
27:   border-top: solid 0 #00ff00;
28:   border-right: solid 0 #0000ff;
29:   border-left: solid 0 #ffff00;
30:   left: 0;
31:   top: 0;
32:   opacity: 0.5;
33: }
```

STEP3　長方形の位置を合わせる

長方形の位置をざっくり合わせます。合わせてみると、若干サイズが小さいようですね。

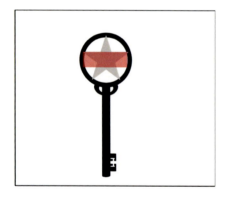

CSS

```
28:   border-right: solid 0 #0000ff;
29:   border-left: solid 0 #ffff00;
30:   left: 222px;
31:   top: 134px;
32:   opacity: 0.5;
33: }
```

STEP4　長方形のサイズと位置を合わせる

ちょっと長方形が小さいので、scaleを使って2.0倍の大きさにしておきます。そして、サイズと位置の調整をします。

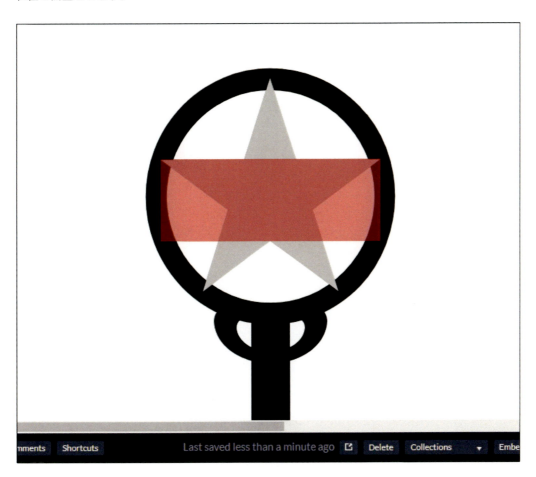

CSS-1

```
 8: .container {
 9:   position: relative;
10:   height: 100vh;
11:   transform-origin: left top;
12:   transform: scale(2.0);
13:
14:   /* 背景画像の調整 - START */
15:   background-image: url(https://0css.github.io/svg/star_key.svg);
```

CSS-2

```
22: .triangle1 {
23:     position: absolute;
24:     width: 156px;
25:     height: 57px;
26:     background-color: #ff0000;
27:     border-top: solid 0 #00ff00;
28:     border-right: solid 0 #0000ff;
29:     border-left: solid 0 #ffff00;
30:     left: 222px;
31:     top: 134px;
32:     opacity: 0.5;
33: }
```

STEP5　三角形を作る

　borderの侵食を使って三角形を作ります。

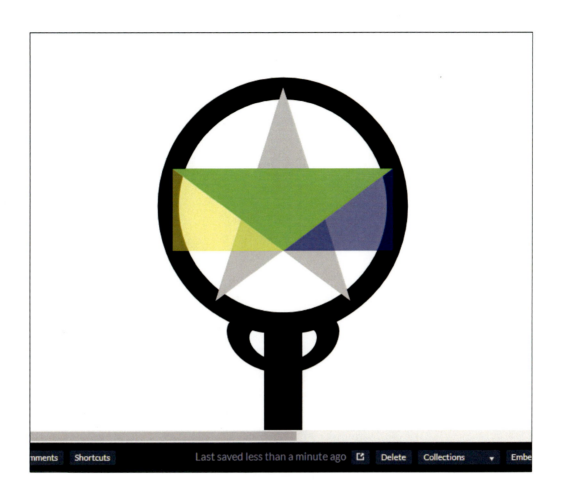

CSS
```
25:     height: 57px;
26:     background-color: #ff0000;
27:     border-top: solid 57px #00ff00;
28:     border-right: solid 78px #0000ff;
29:     border-left: solid 78px #ffff00;
30:     left: 222px;
31:     top: 134px;
```

STEP6　三角形をふたつ作る

　同様に、あとふたつ三角形を作ります。同じ形で、配置が違うだけなので、共通化できそうです。そこで、「大きな三角形の共通クラス化」も同時に行います。

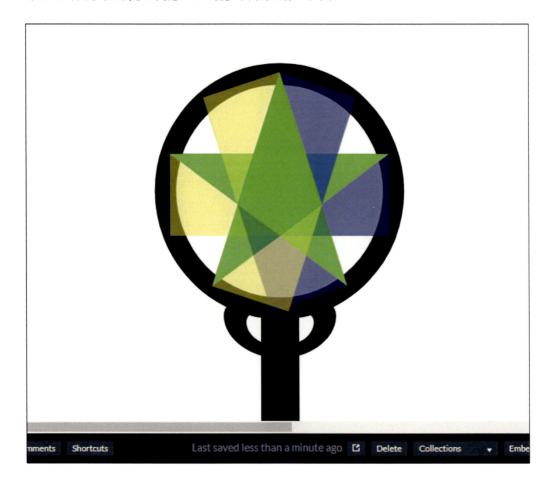

HTML
```
 1: <div class="container">
 2:   <div class="triangle t1"></div>
 3:   <div class="triangle t2"></div>
 4:   <div class="triangle t3"></div>
 5: </div>
```

CSS
```
22: .triangle {
23:   position: absolute;
24:   width: 156px;
25:   height: 57px;
26:   background-color: #ff0000;
27:   border-top: solid 57px #00ff00;
28:   border-right: solid 78px #0000ff;
29:   border-left: solid 78px #ffff00;
30:   opacity: 0.5;
31: }
32:
33: .t1 {
34:   left: 222px;
35:   top: 134px;
36:   transform: rotate(0deg);
37: }
38:
39: .t2 {
40:   left: 219px;
41:   top: 132px;
42:   transform: rotate(72deg);
43: }
44:
45: .t3 {
46:   left: 225px;
47:   top: 132px;
48:   transform: rotate(-72deg);
49: }
```

STEP7　仕上げ

　scaleを1.0倍に戻して、各三角形の残す部分の背景色をブラックに、それ以外はtransparentにします。最後にbackground-colorとopacityを削除します。

CSS-1

```
10:     height: 100vh;
11:     transform-origin: left top;
12:     transform: scale(1.0);
13:
14:     /* 背景画像の調整 - START */
15:     background-image: url(https://0css.github.io/svg/star_key.svg);
```

CSS-2

```
22: .triangle {
23:     position: absolute;
24:     width: 156px;
25:     height: 57px;
26:     border-top: solid 57px #000000;
27:     border-right: solid 78px transparent;
28:     border-left: solid 78px transparent;
29: }
```

クリア　スキル獲得!!

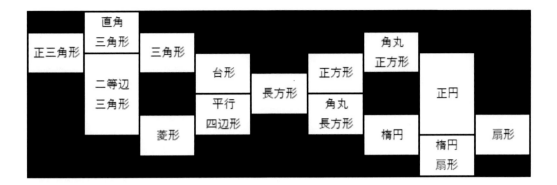

まとめ
- 角ばった図形も、単純な図形に分解できないか考える
- 分解出来そうだったら、なるべく流用しやすい図形になっているか考える

最後に、全体のソースコードです。

HTML
```
1: <div class="container">
2:   <div class="triangle t1"></div>
3:   <div class="triangle t2"></div>
4:   <div class="triangle t3"></div>
5: </div>
```

CSS
```
1: * {
2:   margin: 0;
3:   padding: 0;
4:   border: 0;
5:   box-sizing: border-box;
6: }
7:
8: .container {
9:   position: relative;
10:   height: 100vh;
11:   transform-origin: left top;
12:   transform: scale(1.0);
13:
14:   /* 背景画像の調整 - START */
15:   background-image: url(https://0css.github.io/svg/star_key.svg);
```

```css
16:    background-size: 500px auto; /* 「幅 高さ」 */
17:    background-position: 50px 50px; /* 「x座標 y座標」 */
18:    background-repeat: no-repeat;
19:    /* 背景画像の調整 - END */
20: }
21:
22: .triangle {
23:    position: absolute;
24:    width: 156px;
25:    height: 57px;
26:    border-top: solid 57px #000000;
27:    border-right: solid 78px transparent;
28:    border-left: solid 78px transparent;
29: }
30:
31: .t1 {
32:    left: 222px;
33:    top: 134px;
34:    transform: rotate(0deg);
35: }
36:
37: .t2 {
38:    left: 219px;
39:    top: 132px;
40:    transform: rotate(72deg);
41: }
42:
43: .t3 {
44:    left: 225px;
45:    top: 132px;
46:    transform: rotate(-72deg);
47: }
```

第4章　全力で挑むボス戦

4.1　海のボス - キングクラブ

クエスト名	真っ二つ
説明	その鋭いハサミは、ありとあらゆる物体を切り裂いてしまう。海のボスを復活させて仲間にしよう。
メモ	「共通テンプレート」から新規作成して、内容を書き換えると早い
獲得条件	スケルトンを参考にしながら、ボスの形をブラックの図形で埋める
前提スキル	[長方形] [三角形] [楕円] [台形] [二等辺三角形]
推奨レベル	4～
獲得報酬	レベル [+1]、召喚獣 [キングクラブ]

https://0css.github.io/svg/king_crab.svg

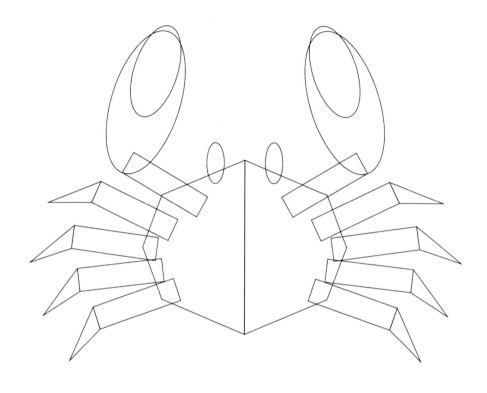

```
考え方
まずは、図形の全体をふわっと見ます。すると、左右対称のシンメトリー構造になっていることが分かります。そこ
で、「左半分」を完成させておいて、それを右にコピーして反転させれば、良さそうです。また、ハサミ以外の足を見る
と、同じパーツを流用できそうです。
```

STEP1　背景画像を設定する

　まずは画面の背景に「クエスト課題」である「キングクラブのURL」を設定します。
　ここで、上にスペースが空きすぎているので「background-position: 50px 10px;」として、y座標を上に40pxずらします。

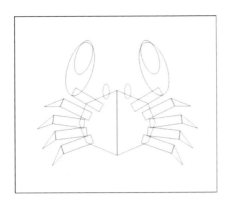

CSS

```
 8: .container {
 9:   position: relative;
10:   height: 100vh;
11:   transform-origin: left top;
12:   transform: scale(1.0);
13:
14:   /* 背景画像の調整 - START */
15:   background-image: url(https://0css.github.io/svg/king_crab.svg);
16:   background-size: 500px auto; /* 「幅 高さ」 */
17:   background-position: 50px 10px; /* 「x座標 y座標」 */
18:   background-repeat: no-repeat;
19:   /* 背景画像の調整 - END */
20: }
```

STEP2　目を作る

　いろんな図形がありますが、シンプルな目から作ります。縦長の長方形を設置し、目の形を囲むように合わせます。そして、ちょっと長方形が小さいので、scaleを使って2.0倍の大きさにします。縦長の長方形を楕円形に整えますが、今回は「border-radius: 50%」でいけるようです。

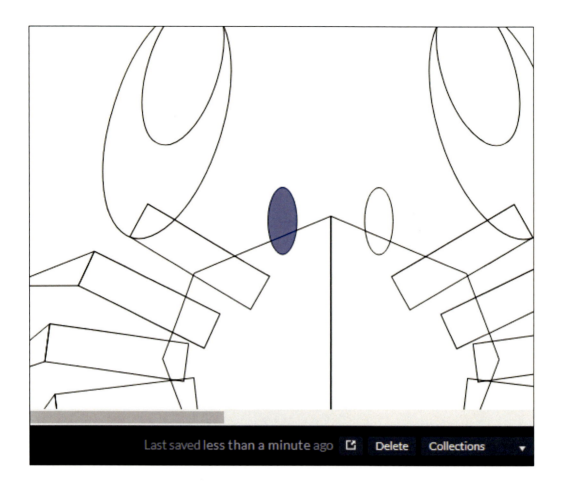

HTML

```
1: <div class="container">
2:   <div class="eye"></div>
3: </div>
```

CSS-1

```
10:     height: 100vh;
11:     transform-origin: left top;
12:     transform: scale(2.0);
13:
14:     /* 背景画像の調整 - START */
15:     background-image: url(https://0css.github.io/svg/king_crab.svg);
```

CSS-2

```
22: .eye {
23:     position: absolute;
24:     width: 15px;
25:     height: 35px;
26:     left: 267px;
27:     top: 155px;
28:     background-color: #0000ff;
29:     border-radius: 50%;
30:     opacity: 0.5;
31: }
```

STEP3　ハサミを作る

　同じ楕円を使うということで、ハサミを作ります。大きい楕円の内側を、中くらいの楕円でくり抜くイメージです。そして、ふたつの楕円で共通化できるところは、共通クラスにまとめてしまいます。

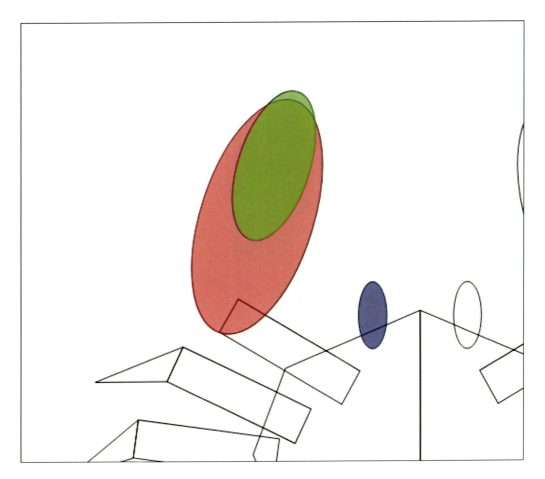

HTML

```
1: <div class="container">
2:   <div class="eye"></div>
3:   <div class="nipper nipper1"></div>
4:   <div class="nipper nipper2"></div>
5: </div>
```

CSS

```
33: .nipper {
34:   position: absolute;
35:   border-radius: 50%;
36:   transform-origin: left top;
37:   transform: rotate(-71.5deg);
38:   opacity: 0.5;
39: }
40:
41: .nipper1 {
42:   width: 126.5px;
43:   height: 59.5px;
44:   left: 164px;
45:   top: 172px;
46:   background-color: #ff0000;
47: }
48:
49: .nipper2 {
50:   width: 81px;
51:   height: 38px;
52:   left: 191px;
53:   top: 127px;
54:   background-color: #00ff00;
55: }
```

STEP4　手足の根元を作る

　手足の根元はシンプルな長方形です。ぱっと見、同じ長方形で流用できそうです。

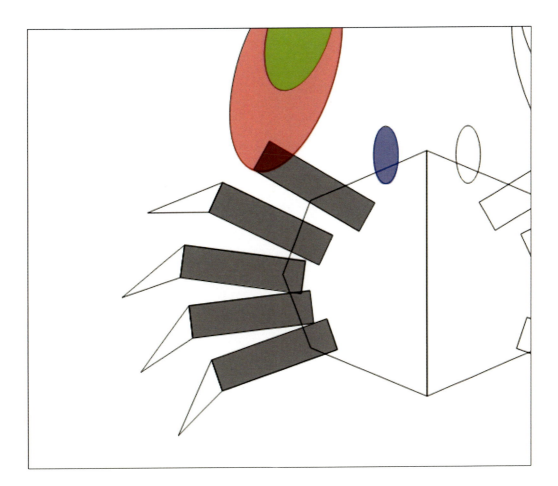

HTML
```
 1: <div class="container">
 2:   <div class="eye"></div>
 3:   <div class="nipper nipper1"></div>
 4:   <div class="nipper nipper2"></div>
 5:   <div class="handleg hand"></div>
 6:   <div class="handleg leg1"></div>
 7:   <div class="handleg leg2"></div>
 8:   <div class="handleg leg3"></div>
 9:   <div class="handleg leg4"></div>
10: </div>
```

CSS
```
57: .handleg {
58:   position: absolute;
59:   width: 76px;
60:   height: 20px;
```

```
61:     background-color: #000000;
62:     transform-origin: left top;
63:     opacity: 0.5;
64: }
65:
66: .hand {
67:     left: 202px;
68:     top: 163px;
69:     transform: rotate(30deg);
70: }
71:
72: .leg1 {
73:     left: 173px;
74:     top: 188px;
75:     transform: rotate(25.5deg);
76: }
77:
78: .leg2 {
79:     left: 150px;
80:     top: 226px;
81:     transform: rotate(7.5deg);
82: }
83:
84: .leg3 {
85:     left: 152px;
86:     top: 262px;
87:     transform: rotate(-6.5deg);
88: }
89:
90: .leg4 {
91:     left: 167px;
92:     top: 296px;
93:     transform: rotate(-19deg);
94: }
```

STEP5　足の先を作る

　足先を4つ追加します。「長方形の足」に「三角形の足先」を付けていきます。ここで、一呼吸おいて、ちょっと考えます。それは「どの辺を底辺にして三角形を作るべきなのか？」ということです。例えば、足と足先の接着面を底辺にすると、底辺よりも左上に頂点が来てしまいます。つまり、「四

角形の左上と右上を削って三角形を作る」というやり方ができなくなります。そこで今回は、「三角形の辺の中で一番長い辺」を底辺にします。

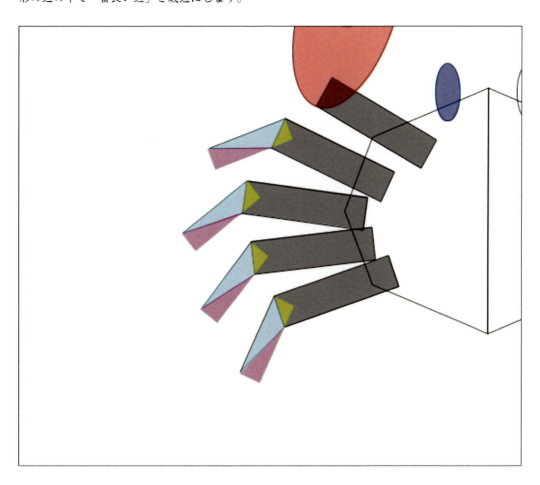

HTML
```
 8:     <div class="handleg leg3"></div>
 9:     <div class="handleg leg4"></div>
10:     <div class="claw claw1"></div>
11:     <div class="claw claw2"></div>
12:     <div class="claw claw3"></div>
13:     <div class="claw claw4"></div>
14: </div>
```

CSS
```
96: .claw {
97:   position: absolute;
98:   width: 51.5px;
99:   height: 13.5px;
```

```
100:     background-color: #000000;
101:     border-top: solid #00ffff 13.5px;
102:     border-right: solid #ffff00 14px;
103:     border-left: solid #ff00ff 37.5px;
104:     transform-origin: left top;
105:     opacity: 0.5;
106: }
107:
108: .claw1 {
109:     left: 125px;
110:     top: 206.5px;
111:     transform: rotate(-21deg);
112: }
113:
114: .claw2 {
115:     left: 109.5px;
116:     top: 258px;
117:     transform: rotate(-38.5deg);
118: }
119:
120: .claw3 {
121:     left: 121px;
122:     top: 303px;
123:     transform: rotate(-52deg);
124: }
125:
126: .claw4 {
127:     left: 146px;
128:     top: 342px;
129:     transform: rotate(-65.5deg);
130: }
```

STEP6　甲羅を作る(台形)

　甲羅の形は「将棋の駒」を左向きにしような形をしています。そこで「将棋の駒」を「台形」と「二等辺三角形」のふたつに分けて考えます。まずは「台形」から作っていきます。今回はrotateの角度調整が不要なので楽ですね。

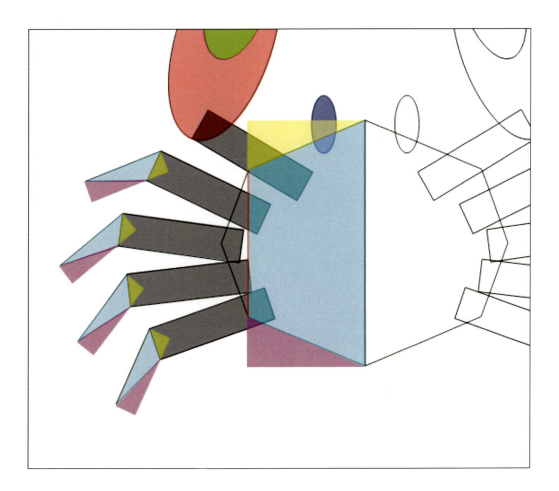

HTML

```
12:    <div class="claw claw3"></div>
13:    <div class="claw claw4"></div>
14:    <div class="shell1"></div>
15: </div>
```

CSS

```
132: .shell1 {
133:    position: absolute;
134:    width: 72.5px;
135:    height: 149px;
136:    left: 227px;
137:    top: 170px;
138:    background-color: #ff0000;
139:    border-top: solid #ffff00 30px;
140:    border-right: solid #00ffff 72.5px;
141:    border-bottom: solid #ff00ff 30px;
```

```
142:    opacity: 0.5;
143: }
```

STEP7　甲羅を作る(二等辺三角形)

　続いて、「二等辺三角形」を作ります。「台形」の上底を、そのまま底辺にして「二等辺三角形」を追加します。

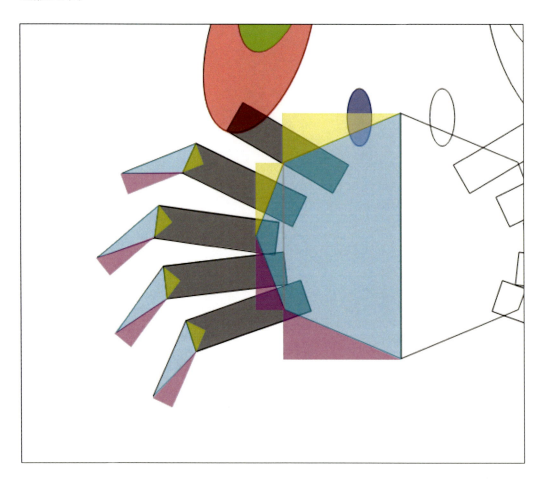

HTML
```
13:     <div class="claw claw4"></div>
14:     <div class="shell1"></div>
15:     <div class="shell2"></div>
16: </div>
```

CSS
```
145: .shell2 {
146:     position: absolute;
147:     width: 18px;
148:     height: 89px;
149:     left: 210px;
150:     top: 200px;
151:     background-color: #ff0000;
152:     border-top: solid #ffff00 44.5px;
153:     border-right: solid #00ffff 18px;
154:     border-bottom: solid #ff00ff 44.5px;
155:     opacity: 0.5;
156: }
```

STEP8　全体をラップする

　ひとまず、キングクラブの左半分ができました。ここで、各パーツの全体をdivでラップします。クラス名はhalfとしておきます。

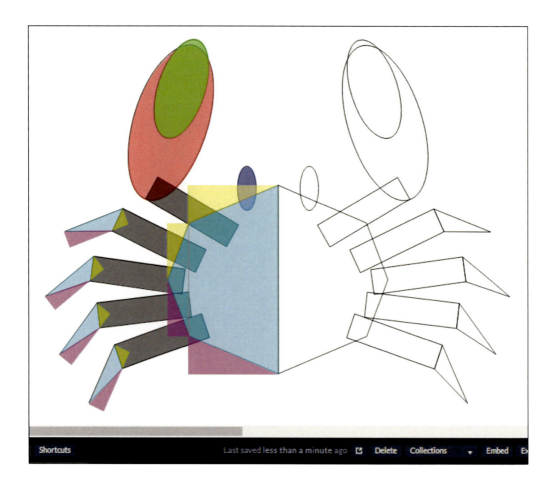

HTML

```
 2:     <div class="half">
 3:         <div class="eye"></div>
 4:         <div class="nipper nipper1"></div>
 5:         <div class="nipper nipper2"></div>
 6:         <div class="handleg hand"></div>
 7:         <div class="handleg leg1"></div>
 8:         <div class="handleg leg2"></div>
 9:         <div class="handleg leg3"></div>
10:         <div class="handleg leg4"></div>
11:         <div class="claw claw1"></div>
12:         <div class="claw claw2"></div>
13:         <div class="claw claw3"></div>
14:         <div class="claw claw4"></div>
15:         <div class="shell1"></div>
16:         <div class="shell2"></div>
17:     </div>
```

STEP9　半分まるごとコピーする

　halfクラスのdivをコピーして、もう一つ設置します。そして、そのdivに「reflect」というクラスを追加します。ここでは、「transform: scale(-1, 1)」を指定して、x座標を裏返しにします。裏返すための軸は、「transform-origin: 300px 0」として、左から300pxの場所に設置します。

　※ここで詳細な悦明をすると、「行列」や「matrix」の話に深く入っていきますので、簡易的な説明にとどめます。

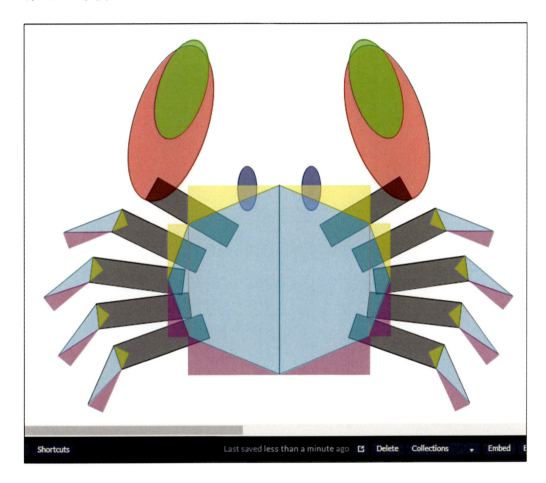

HTML
```
16:      <div class="shell2"></div>
17:    </div>
18:    <div class="half reflect">
19:      <div class="eye"></div>
20:      <div class="nipper nipper1"></div>
21:      <div class="nipper nipper2"></div>
```

```
22:        <div class="handleg hand"></div>
23:        <div class="handleg leg1"></div>
24:        <div class="handleg leg2"></div>
25:        <div class="handleg leg3"></div>
26:        <div class="handleg leg4"></div>
27:        <div class="claw claw1"></div>
28:        <div class="claw claw2"></div>
29:        <div class="claw claw3"></div>
30:        <div class="claw claw4"></div>
31:        <div class="shell1"></div>
32:        <div class="shell2"></div>
33:    </div>
34: </div>
```

CSS
```
158: .reflect {
159:     transform-origin: 300px 0;
160:     transform: scale(-1, 1);
161: }
```

STEP10　仕上げ

　scaleを1.0倍に戻して、残す部分の背景色をブラックに、それ以外はtransparentにします。ただし、ハサミの内側の楕円だけ、ホワイトにします。そしてopacityを削除したら、最後に背景画像を削除します。

　ボス戦はパーツの数が多く、修正箇所が多いです。そのため、「仕上げ」のタイミングでは、修正箇所が、飛び飛びの掲載になってしまいます。試しにやってみたところ、かなりゴチャゴチャした表示になり、読みづらく感じました。そのため、「仕上げ」のタイミングで、ソースコードを全行掲載することにしました。あと2体いる、空と陸のボス戦も、同じ形式で説明していきます。

HTML

```
 1: <div class="container">
 2:   <div class="half">
 3:     <div class="eye"></div>
 4:     <div class="nipper nipper1"></div>
 5:     <div class="nipper nipper2"></div>
 6:     <div class="handleg hand"></div>
 7:     <div class="handleg leg1"></div>
 8:     <div class="handleg leg2"></div>
 9:     <div class="handleg leg3"></div>
10:     <div class="handleg leg4"></div>
11:     <div class="claw claw1"></div>
```

```
12:        <div class="claw claw2"></div>
13:        <div class="claw claw3"></div>
14:        <div class="claw claw4"></div>
15:        <div class="shell1"></div>
16:        <div class="shell2"></div>
17:    </div>
18:    <div class="half reflect">
19:        <div class="eye"></div>
20:        <div class="nipper nipper1"></div>
21:        <div class="nipper nipper2"></div>
22:        <div class="handleg hand"></div>
23:        <div class="handleg leg1"></div>
24:        <div class="handleg leg2"></div>
25:        <div class="handleg leg3"></div>
26:        <div class="handleg leg4"></div>
27:        <div class="claw claw1"></div>
28:        <div class="claw claw2"></div>
29:        <div class="claw claw3"></div>
30:        <div class="claw claw4"></div>
31:        <div class="shell1"></div>
32:        <div class="shell2"></div>
33:    </div>
34: </div>
```

CSS

```
 1: * {
 2:   margin: 0;
 3:   padding: 0;
 4:   border: 0;
 5:   box-sizing: border-box;
 6: }
 7:
 8: .container {
 9:   position: relative;
10:   height: 100vh;
11:   transform-origin: left top;
12:   transform: scale(1.0);
13: }
14:
15: .eye {
16:   position: absolute;
```

```
17:     width: 15px;
18:     height: 35px;
19:     left: 267px;
20:     top: 155px;
21:     background-color: #000000;
22:     border-radius: 50%;
23: }
24:
25: .nipper {
26:     position: absolute;
27:     border-radius: 50%;
28:     transform-origin: left top;
29:     transform: rotate(-71.5deg);
30: }
31:
32: .nipper1 {
33:     width: 126.5px;
34:     height: 59.5px;
35:     left: 164px;
36:     top: 172px;
37:     background-color: #000000;
38: }
39:
40: .nipper2 {
41:     width: 81px;
42:     height: 38px;
43:     left: 191px;
44:     top: 127px;
45:     background-color: #ffffff;
46: }
47:
48: .handleg {
49:     position: absolute;
50:     width: 76px;
51:     height: 20px;
52:     background-color: #000000;
53:     transform-origin: left top;
54: }
55:
56: .hand {
57:     left: 202px;
```

```
58:     top: 163px;
59:     transform: rotate(30deg);
60: }
61:
62: .leg1 {
63:     left: 173px;
64:     top: 188px;
65:     transform: rotate(25.5deg);
66: }
67:
68: .leg2 {
69:     left: 150px;
70:     top: 226px;
71:     transform: rotate(7.5deg);
72: }
73:
74: .leg3 {
75:     left: 152px;
76:     top: 262px;
77:     transform: rotate(-6.5deg);
78: }
79:
80: .leg4 {
81:     left: 167px;
82:     top: 296px;
83:     transform: rotate(-19deg);
84: }
85:
86: .claw {
87:     position: absolute;
88:     width: 51.5px;
89:     height: 13.5px;
90:     background-color: transparent;
91:     border-top: solid #000000 13.5px;
92:     border-right: solid transparent 14px;
93:     border-left: solid transparent 37.5px;
94:     transform-origin: left top;
95: }
96:
97: .claw1 {
98:     left: 125px;
```

```
 99:     top: 206.5px;
100:     transform: rotate(-21deg);
101: }
102:
103: .claw2 {
104:     left: 109.5px;
105:     top: 258px;
106:     transform: rotate(-38.5deg);
107: }
108:
109: .claw3 {
110:     left: 121px;
111:     top: 303px;
112:     transform: rotate(-52deg);
113: }
114:
115: .claw4 {
116:     left: 146px;
117:     top: 342px;
118:     transform: rotate(-65.5deg);
119: }
120:
121: .shell1 {
122:     position: absolute;
123:     width: 72.5px;
124:     height: 149px;
125:     left: 227px;
126:     top: 170px;
127:     background-color: transparent;
128:     border-top: solid transparent 30px;
129:     border-right: solid #000000 72.5px;
130:     border-bottom: solid transparent 30px;
131: }
132:
133: .shell2 {
134:     position: absolute;
135:     width: 18px;
136:     height: 89px;
137:     left: 210px;
138:     top: 200px;
139:     background-color: transparent;
```

```
140:     border-top: solid transparent 44.5px;
141:     border-right: solid #000000 18px;
142:     border-bottom: solid transparent 44.5px;
143: }
144:
145: .reflect {
146:     transform-origin: 300px 0;
147:     transform: scale(-1, 1);
148: }
```

クリア　召喚獣[キングクラブ]を獲得!!

やりました！初めてのボス戦をクリアしましたね。この調子で、残り2体のボスに挑戦していきます。

4.2　空のボス - ハミングバード

クエスト名	ホバリング
説明	その美しい鳥は、甘い香りに誘われて、優雅に空を舞っている。空のボスを復活させて仲間にしよう。
メモ	「共通テンプレート」から新規作成して、内容を書き換えると早い
獲得条件	スケルトンを参考にしながら、ボスの形をブラックの図形で埋める
前提スキル	[長方形][三角形][直角三角形][正円][楕円][楕円扇形]
推奨レベル	5〜
獲得報酬	レベル [+1]、召喚獣 [ハミングバード]

https://0css.github.io/svg/hummingbird.svg

考え方

全体の図形を見ると、正円や楕円がやや多いです。また、鳥と花というふたつの図形を作る必要があります。鳥のくちばしはパーツが細かいですが、今まで身に着けたスキルで十分対応可能です。楕円扇形の翼をうまく再現できるかが、見栄えのポイントになりそうです。

STEP1　背景画像を設定する

　まずは画面の背景に「クエスト課題」である「ハミングバードのURL」を設定します。
　ここで、上にスペースが空きすぎているので「background-position: 50px 10px;」として、y座標を上に40pxずらします。

CSS

```
 8: .container {
 9:   position: relative;
10:   height: 100vh;
11:   transform-origin: left top;
12:   transform: scale(1.0);
13: 
14:   /* 背景画像の調整 - START */
15:   background-image: url(https://0css.github.io/svg/hummingbird.svg);
16:   background-size: 500px auto; /* 「幅 高さ」 */
17:   background-position: 50px 10px; /* 「x座標 y座標」 */
18:   background-repeat: no-repeat;
19:   /* 背景画像の調整 - END */
20: }
```

STEP2 体を作る

　シンプルな楕円でいけそうな、体から作ります。お尻にかけて細くなっていきますが、なるべく違和感が無いような三角形で再現します。ここで、図形の調整がしやすいように、scaleを使って全体を2.0倍の大きさにします。

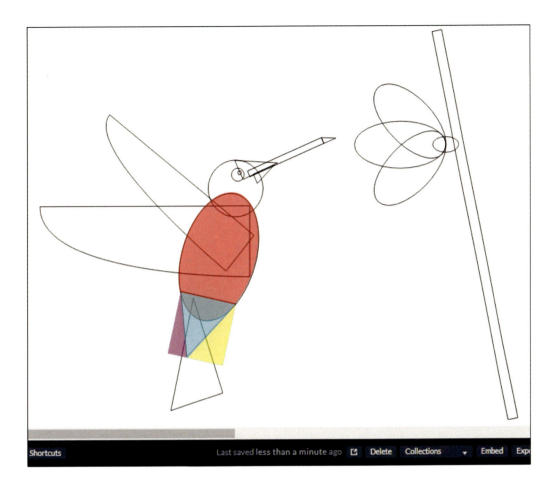

HTML
```
 1: <div class="container">
 2:   <div class="body1"></div>
 3:   <div class="body2"></div>
 4: </div>
```

CSS-1
```
10:   height: 100vh;
11:   transform-origin: left top;
12:   transform: scale(2.0);
13:
14:   /* 背景画像の調整 - START */
15:   background-image: url(https://0css.github.io/svg/hummingbird.svg);
```

CSS-2

```
22: .body1 {
23:     position: absolute;
24:     width: 103px;
25:     height: 61px;
26:     left: 213.5px;
27:     top: 262.5px;
28:     background-color: #ff0000;
29:     border-radius: 50%;
30:     transform-origin: left top;
31:     transform: rotate(-72.5deg);
32:     opacity: 0.5;
33: }
34:
35: .body2 {
36:     position: absolute;
37:     width: 45px;
38:     height: 49px;
39:     left: 226.5px;
40:     top: 249.5px;
41:     background-color: #000000;
42:     border-left: solid #ff00ff 16px;
43:     border-top: solid #00ffff 49px;
44:     border-right: solid #ffff00 29px;
45:     transform-origin: left top;
46:     transform: rotate(12.5deg);
47:     opacity: 0.5;
48: }
```

STEP3　尾を作る

　三角形で尾を作ります。お尻にかけて細くなっていきますが、なるべく違和感が無いような三角形で再現します。

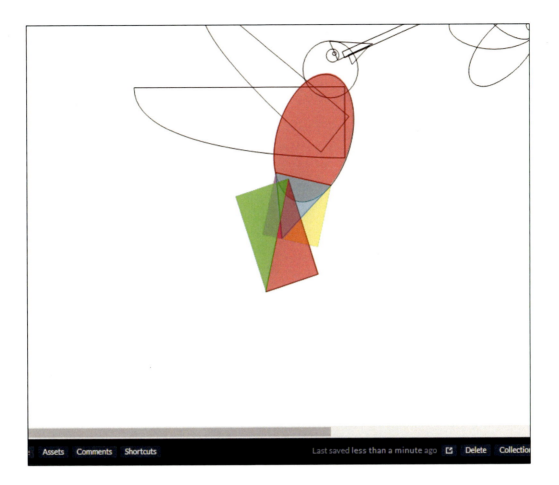

HTML

```
1: <div class="container">
2:     <div class="body1"></div>
3:     <div class="body2"></div>
4:     <div class="tail"></div>
5: </div>
```

CSS

```
50: .tail {
51:     position: absolute;
52:     width: 44px;
53:     height: 78.5px;
54:     left: 194px;
55:     top: 268px;
56:     background-color: #000000;
57:     border-left: solid #00ff00 44px;
58:     border-bottom: solid #ff0000 78.5px;
```

第 4 章　全力で挑むボス戦

```
59:    transform-origin: left top;
60:    transform: rotate(-18deg);
61:    opacity: 0.5;
62: }
```

STEP4　翼を作る

　鳥の象徴である、大きな翼を追加します。かなり横長の楕円扇形を、border-radiusのショートハンドをフル活用して作ります。

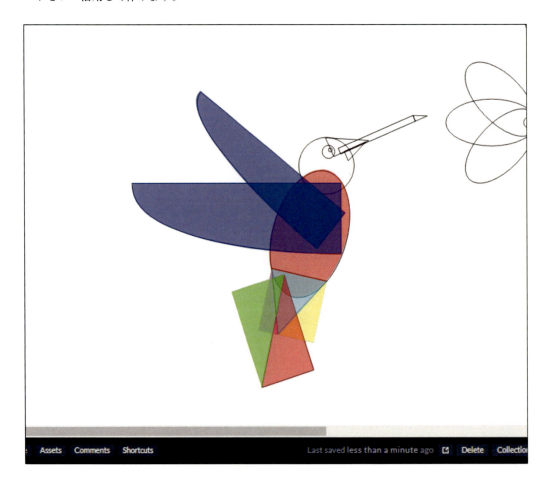

HTML

```
1: <div class="container">
2:     <div class="body1"></div>
3:     <div class="body2"></div>
4:     <div class="tail"></div>
5:     <div class="wing1"></div>
```

```
6:    <div class="wing2"></div>
7:  </div>
```

CSS

```
64: .wing1 {
65:   position: absolute;
66:   width: 151px;
67:   height: 37px;
68:   border-radius: 0 0 8px 100% / 0 0 0 100%;
69:   background-color: #0000ff;
70:   left: 170px;
71:   top: 110px;
72:   transform-origin: left top;
73:   transform: rotate(39.5deg);
74:   opacity: 0.5;
75: }
76:
77: .wing2 {
78:   position: absolute;
79:   width: 168.5px;
80:   height: 56px;
81:   border-radius: 0 0 4px 100% / 0 0 0 100%;
82:   background-color: #ff0000;
83:   left: 114px;
84:   top: 182px;
85:   transform-origin: left top;
86:   transform: rotate(0deg);
87:   opacity: 0.5;
88: }
```

STEP5　頭と目を作る

正円だけで頭と目を作ります。頭と白目と黒目があるので、3つの正円が必要です。

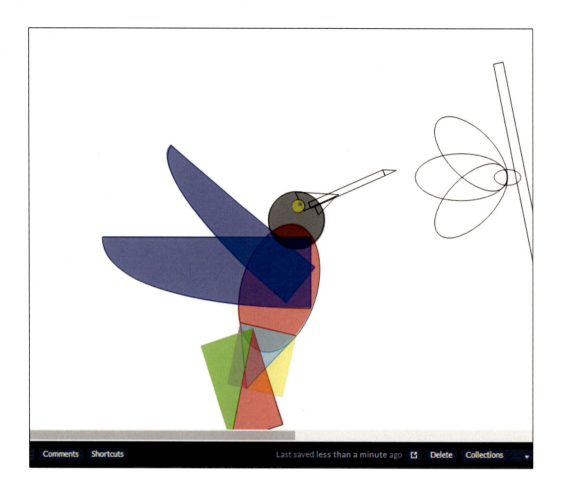

HTML
```
 5:     <div class="wing1"></div>
 6:     <div class="wing2"></div>
 7:   <div class="head"></div>
 8:     <div class="eye1"></div>
 9:     <div class="eye2"></div>
10: </div>
```

CSS
```
90: .head {
91:     position: absolute;
92:     width: 45px;
93:     height: 45px;
94:     left: 249px;
95:     top: 147px;
96:     background-color: #000000;
97:     border-radius: 50%;
```

```
 98:     opacity: 0.5;
 99: }
100:
101: .eye1 {
102:     position: absolute;
103:     width: 10px;
104:     height: 10px;
105:     left: 268px;
106:     top: 153px;
107:     background-color: #ffff00;
108:     border-radius: 50%;
109:     opacity: 0.5;
110: }
111:
112: .eye2 {
113:     position: absolute;
114:     width: 3px;
115:     height: 3px;
116:     left: 273px;
117:     top: 155px;
118:     background-color: #0000ff;
119:     border-radius: 50%;
120:     opacity: 0.5;
121: }
```

STEP6　くちばしを作る

　直角三角形と長方形で、くちばしを作ります。ちょっと小さいパーツが多いですが、ひとつひとつ作っていきます。

HTML

```
 8:    <div class="eye1"></div>
 9:    <div class="eye2"></div>
10:    <div class="beak1"></div>
11:    <div class="beak2"></div>
12:    <div class="beak3"></div>
13:    <div class="beak4"></div>
14: </div>
```

CSS

```
123: .beak1 {
124:    position: absolute;
125:    width: 32px;
126:    height: 16px;
127:    left: 270px;
128:    top: 147px;
129:    background-color: #ff0000;
```

```
130:     border-bottom: solid #00ffff 16px;
131:     border-right: solid #ffff00 32px;
132:     transform-origin: left top;
133:     transform: rotate(-24deg);
134:     opacity: 0.5;
135: }
136:
137: .beak2 {
138:     position: absolute;
139:     width: 19px;
140:     height: 8px;
141:     left: 285.5px;
142:     top: 158px;
143:     background-color: #ff0000;
144:     border-bottom: solid #00ffff 8px;
145:     border-left: solid #ffff00 19px;
146:     transform-origin: left top;
147:     transform: rotate(-24deg);
148:     opacity: 0.5;
149: }
150:
151: .beak3 {
152:     position: absolute;
153:     width: 65px;
154:     height: 5px;
155:     left: 280.5px;
156:     top: 155px;
157:     background-color: #ff0000;
158:     transform-origin: left top;
159:     transform: rotate(-23deg);
160:     opacity: 0.5;
161: }
162:
163: .beak4 {
164:     position: absolute;
165:     width: 12px;
166:     height: 5px;
167:     left: 340.25px;
168:     top: 129.5px;
169:     background-color: #000000;
170:     border-bottom: solid #00ff00 5px;
```

```
171:    border-right: solid #ffff00 12px;
172:    transform-origin: left top;
173:    transform: rotate(-23deg);
174:    opacity: 0.5;
175: }
```

STEP7　花を作る(花びら)

　鳥ができましたね。続いて、花を作ります。楕円を組み合わせて、花びらを表現します。花びら3枚とも同じ楕円で作れるので、流用できる部分を共通クラスにまとめます。

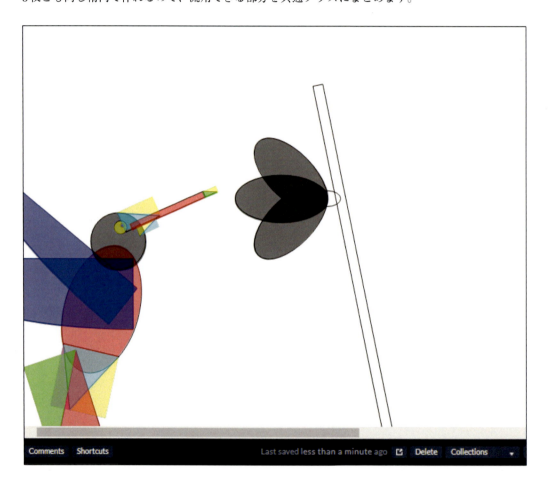

HTML
```
12:    <div class="beak3"></div>
13:    <div class="beak4"></div>
14:    <div class="petal petal1"></div>
15:    <div class="petal petal2"></div>
```

```
 16:     <div class="petal petal3"></div>
 17: </div>
```

CSS

```
177: .petal {
178:     position: absolute;
179:     width: 74px;
180:     height: 37px;
181:     background-color: #000000;
182:     border-radius: 50%;
183:     transform-origin: left top;
184:     opacity: 0.5;
185: }
186:
187: .petal1 {
188:     left: 367px;
189:     top: 117px;
190:     transform: rotate(0deg);
191: }
192:
193: .petal2 {
194:     left: 399px;
195:     top: 78px;
196:     transform: rotate(45deg);
197: }
198:
199: .petal3 {
200:     left: 372px;
201:     top: 167px;
202:     transform: rotate(-45deg);
203: }
```

STEP8　花を作る(花の根元と枝)

　花の根元を楕円で、枝を長方形で作ります。枝は角度を調整しますが、根元は水平でOKです。

HTML

```
13:     <div class="petal petal2"></div>
14:     <div class="petal petal3"></div>
15:     <div class="floral"></div>
16:     <div class="branch"></div>
17: </div>
```

CSS

```
205: .floral {
206:     position: absolute;
207:     width: 22px;
208:     height: 13px;
209:     left: 430px;
210:     top: 129px;
211:     background-color: #ff0000;
212:     border-radius: 50%;
213:     opacity: 0.5;
214: }
215:
216: .branch {
217:     position: absolute;
218:     width: 8px;
```

```
219:     height: 311px;
220:     left: 430px;
221:     top: 47px;
222:     background-color: #000000;
223:     transform-origin: left top;
224:     transform: rotate(-11.5deg);
225:     opacity: 0.5;
226: }
```

STEP9　仕上げ

　残す部分の背景色をブラックに、それ以外はtransparentにします。ただし、白目の部分だけ、ホワイトにします。そしてopacityを削除したら、背景画像を削除します。

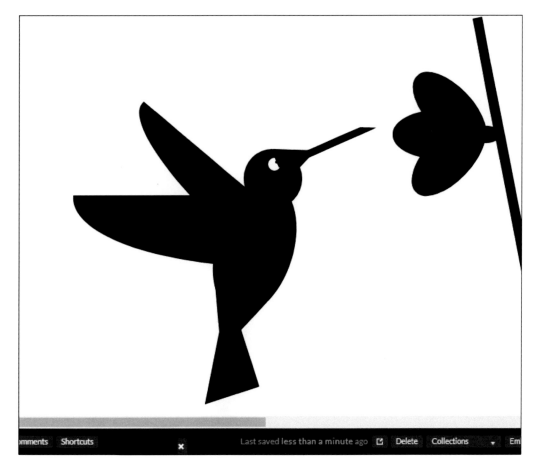

　各パーツをブラックにしました。scaleはまだ2.0状態ですが、一見すると、完成したように見えます。しかし、よく見ると、「くちばしの三角形」が「目」に重なって潰れています。それならばと、

思わずCSS側で「z-index」の調整したくなりますね。でもそれは「強力すぎる」機能であり、技術的・納期的に追い詰められた「最後の手段」として取っておきたいところです。今回は、特に追い詰められているわけでもないので、HTML側で改修をします。方針が決まれば、さっそく「くちばしのdiv」よりも「目のdiv」が後に来るように、HTMLタグの順番を入れ替えます。

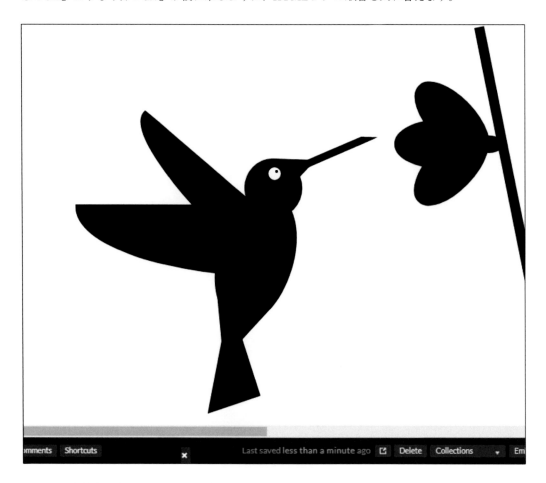

これで大丈夫です。あとは、scaleを1.0に戻します。

HTML

```
 1: <div class="container">
 2:   <div class="body1"></div>
 3:   <div class="body2"></div>
 4:   <div class="tail"></div>
 5:   <div class="wing1"></div>
 6:   <div class="wing2"></div>
 7:   <div class="head"></div>
 8:   <div class="beak1"></div>
 9:   <div class="beak2"></div>
10:   <div class="beak3"></div>
11:   <div class="beak4"></div>
12:   <div class="eye1"></div>
13:   <div class="eye2"></div>
14:   <div class="petal petal1"></div>
15:   <div class="petal petal2"></div>
16:   <div class="petal petal3"></div>
17:   <div class="floral"></div>
18:   <div class="branch"></div>
19: </div>
```

CSS

```css
 1: * {
 2:     margin: 0;
 3:     padding: 0;
 4:     border: 0;
 5:     box-sizing: border-box;
 6: }
 7:
 8: .container {
 9:     position: relative;
10:     height: 100vh;
11:     transform-origin: left top;
12:     transform: scale(1.0);
13: }
14:
15: .body1 {
16:     position: absolute;
17:     width: 103px;
18:     height: 61px;
19:     left: 213.5px;
20:     top: 262.5px;
21:     background-color: #000000;
22:     border-radius: 50%;
23:     transform-origin: left top;
24:     transform: rotate(-72.5deg);
25: }
26:
27: .body2 {
28:     position: absolute;
29:     width: 45px;
30:     height: 49px;
31:     left: 226.5px;
32:     top: 249.5px;
33:     background-color: transparent;
34:     border-left: solid transparent 16px;
35:     border-top: solid #000000 49px;
36:     border-right: solid transparent 29px;
37:     transform-origin: left top;
38:     transform: rotate(12.5deg);
39: }
40:
```

```
41: .tail {
42:     position: absolute;
43:     width: 44px;
44:     height: 78.5px;
45:     left: 194px;
46:     top: 268px;
47:     background-color: transparent;
48:     border-left: solid transparent 44px;
49:     border-bottom: solid #000000 78.5px;
50:     transform-origin: left top;
51:     transform: rotate(-18deg);
52: }
53:
54: .wing1 {
55:     position: absolute;
56:     width: 151px;
57:     height: 37px;
58:     border-radius: 0 0 8px 100% / 0 0 0 100%;
59:     background-color: #000000;
60:     left: 170px;
61:     top: 110px;
62:     transform-origin: left top;
63:     transform: rotate(39.5deg);
64: }
65:
66: .wing2 {
67:     position: absolute;
68:     width: 168.5px;
69:     height: 56px;
70:     border-radius: 0 0 4px 169px / 0 0 0 100%;
71:     background-color: #000000;
72:     left: 114px;
73:     top: 182px;
74:     transform-origin: left top;
75:     transform: rotate(0deg);
76: }
77:
78: .head {
79:     position: absolute;
80:     width: 45px;
81:     height: 45px;
```

```
82:     left: 249px;
83:     top: 147px;
84:     background-color: #000000;
85:     border-radius: 50%;
86: }
87:
88: .eye1 {
89:     position: absolute;
90:     width: 10px;
91:     height: 10px;
92:     left: 268px;
93:     top: 153px;
94:     background-color: #ffffff;
95:     border-radius: 50%;
96: }
97:
98: .eye2 {
99:     position: absolute;
100:    width: 3px;
101:    height: 3px;
102:    left: 273px;
103:    top: 155px;
104:    background-color: #000000;
105:    border-radius: 50%;
106: }
107:
108: .beak1 {
109:    position: absolute;
110:    width: 32px;
111:    height: 16px;
112:    left: 270px;
113:    top: 147px;
114:    background-color: transparent;
115:    border-bottom: solid #000000 16px;
116:    border-right: solid transparent 32px;
117:    transform-origin: left top;
118:    transform: rotate(-24deg);
119: }
120:
121: .beak2 {
122:    position: absolute;
```

```css
123:     width: 19px;
124:     height: 8px;
125:     left: 285.5px;
126:     top: 158px;
127:     background-color: transparent;
128:     border-bottom: solid transparent 8px;
129:     border-left: solid #000000 19px;
130:     transform-origin: left top;
131:     transform: rotate(-24deg);
132: }
133:
134: .beak3 {
135:     position: absolute;
136:     width: 65px;
137:     height: 5px;
138:     left: 280.5px;
139:     top: 155px;
140:     background-color: #000000;
141:     transform-origin: left top;
142:     transform: rotate(-23deg);
143: }
144:
145: .beak4 {
146:     position: absolute;
147:     width: 12px;
148:     height: 5px;
149:     left: 340.25px;
150:     top: 129.5px;
151:     background-color: transparent;
152:     border-bottom: solid #000000 5px;
153:     border-right: solid transparent 12px;
154:     transform-origin: left top;
155:     transform: rotate(-23deg);
156: }
157:
158: .petal {
159:     position: absolute;
160:     width: 74px;
161:     height: 37px;
162:     background-color: #000000;
163:     border-radius: 50%;
```

```
164:     transform-origin: left top;
165: }
166:
167: .petal1 {
168:     left: 367px;
169:     top: 117px;
170:     transform: rotate(0deg);
171: }
172:
173: .petal2 {
174:     left: 399px;
175:     top: 78px;
176:     transform: rotate(45deg);
177: }
178:
179: .petal3 {
180:     left: 372px;
181:     top: 167px;
182:     transform: rotate(-45deg);
183: }
184:
185: .floral {
186:     position: absolute;
187:     width: 22px;
188:     height: 13px;
189:     left: 430px;
190:     top: 129px;
191:     background-color: #000000;
192:     border-radius: 50%;
193: }
194:
195: .branch {
196:     position: absolute;
197:     width: 8px;
198:     height: 311px;
199:     left: 430px;
200:     top: 47px;
201:     background-color: #000000;
202:     transform-origin: left top;
203:     transform: rotate(-11.5deg);
204: }
```

クリア　召喚獣[ハミングバード]を獲得!!

やりました！空のボス戦をクリアしましたね。「鳥と花」ということで、作るパーツが多く、なかなか歯ごたえのあるボスでした。次はいよいよラスボスです。今まで身に着けてきた、14のスキルをフル活用して、有終の美を飾りましょう。

4.3　陸のボス - カメレオン

クエスト名	フリースタイル
説明	その丸っこい生き物は、周りの環境に溶け込んでしまう。陸のボスを復活させて仲間にしよう。
メモ	「共通テンプレート」から新規作成して、内容を書き換えると早い
獲得条件	スケルトンを参考にしながら、ボスの形をブラックの図形で埋める
前提スキル	[長方形][角丸長方形][正円][扇形][楕円][楕円扇形][三角形]
推奨レベル	6～
獲得報酬	レベル [+1]、召喚獣 [カメレオン]

https://0css.github.io/svg/chameleon.svg

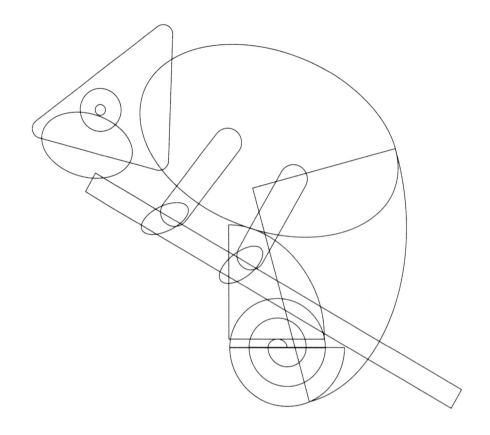

考え方

全体的に、丸っこい図形が多めです。カメレオンの頭を見ると「角丸三角形」になっています。この図形は、一体どうやったら作れるでしょうか。今まで身に着けた「14のスキル」を駆使して、いろいろ試してみます。また、長いしっぽが「うず巻き」になっています。これもちょっと難しい図形ですね。ですが、こちらは「半円」を組み合わせていけば、なんとか作れそうです。

STEP1　背景画像を設定する

　まずは画面の背景に「クエスト課題」である「カメレオンのURL」を設定します。
　今回は、背景画像の位置調整は必要ありません。

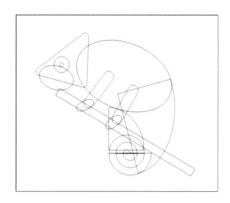

CSS

```
 8: .container {
 9:   position: relative;
10:   height: 100vh;
11:   transform-origin: left top;
12:   transform: scale(1.0);
13: 
14:   /* 背景画像の調整 - START */
15:   background-image: url(https://0css.github.io/svg/chameleon.svg);
16:   background-size: 500px auto; /* 「幅 高さ」 */
17:   background-position: 50px 50px; /* 「x座標 y座標」 */
18:   background-repeat: no-repeat;
19:   /* 背景画像の調整 - END */
20: }
```

STEP2　頭を作る

　未経験の図形である「角丸三角形」が出てきました。今回は、この本で身に着けた14のスキルから、「角丸長方形」と「三角形」を使って作ります。「角丸長方形」の角丸を大きくして「魚肉ソーセージ」にします。「魚肉ソーセージ」を3本組み合わせて、三角形の枠を作ります。そして、三角形の枠の中身を「三角形」で埋めます。図形をぴったり組み合わせるため、scaleを2.0にして、全体を大きく表示します。

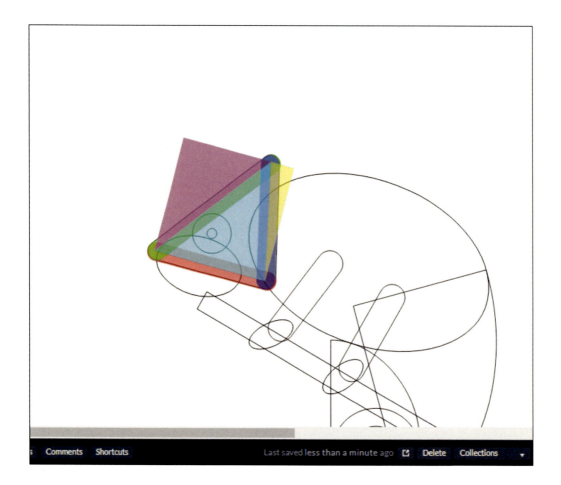

HTML

```
1: <div class="container">
2:     <div class="head1"></div>
3:     <div class="head2"></div>
4:     <div class="head3"></div>
5:     <div class="head4"></div>
6: </div>
```

CSS-1

```
10:     height: 100vh;
11:     transform-origin: left top;
12:     transform: scale(2.0);
13:
14:     /* 背景画像の調整 - START */
15:     background-image: url(https://0css.github.io/svg/chameleon.svg);
```

CSS-2

```css
22: .head1 {
23:     position: absolute;
24:     width: 103px;
25:     height: 13px;
26:     left: 149px;
27:     top: 163px;
28:     background-color: #ff0000;
29:     border-radius: 7px;
30:     transform-origin: left top;
31:     transform: rotate(14.5deg);
32:     opacity: 0.5;
33: }
34:
35: .head2 {
36:     position: absolute;
37:     width: 124px;
38:     height: 13px;
39:     left: 144px;
40:     top: 170px;
41:     background-color: #00ff00;
42:     border-radius: 7px;
43:     transform-origin: left top;
44:     transform: rotate(-36.5deg);
45:     opacity: 0.5;
46: }
47:
48: .head3 {
49:     position: absolute;
50:     width: 102.5px;
51:     height: 13px;
52:     left: 249.5px;
53:     top: 98.5px;
54:     background-color: #0000ff;
55:     border-radius: 7px;
56:     transform-origin: left top;
57:     transform: rotate(91.5deg);
58:     opacity: 0.5;
59: }
60:
61: .head4 {
```

```
62:     position: absolute;
63:     width: 89px;
64:     height: 89px;
65:     left: 176px;
66:     top: 86px;
67:     background-color: #000000;
68:     border-left: solid #ff00ff 70px;
69:     border-bottom: solid #00ffff 89px;
70:     border-right: solid #ffff00 19px;
71:     transform-origin: left top;
72:     transform: rotate(15deg);
73:     opacity: 0.5;
74: }
```

STEP3　目を作る

　目は、シンプルに正円ふたつで作ります。黒目をちょっと小さめにすると、よりカメレオンらしくなります。

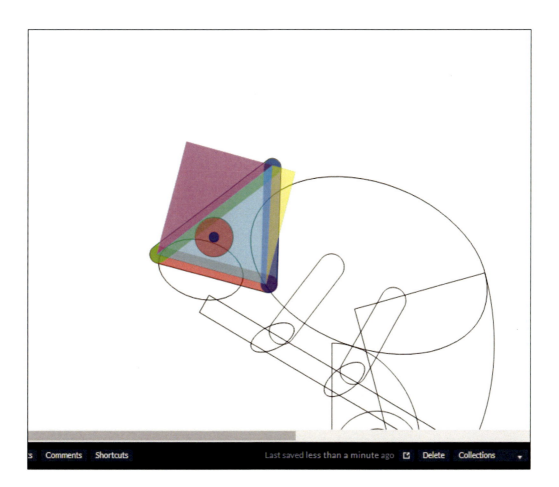

HTML
```
1: <div class="container">
2:   <div class="head1"></div>
3:   <div class="head2"></div>
4:   <div class="head3"></div>
5:   <div class="head4"></div>
6:   <div class="eye1"></div>
7:   <div class="eye2"></div>
8: </div>
```

CSS
```
76: .eye1 {
77:   position: absolute;
78:   width: 30px;
79:   height: 30px;
80:   left: 182px;
81:   top: 143px;
```

```
82:     background-color: #ff0000;
83:     border-radius: 50%;
84:     opacity: 0.5;
85: }
86:
87: .eye2 {
88:     position: absolute;
89:     width: 8px;
90:     height: 8px;
91:     left: 193.5px;
92:     top: 154px;
93:     background-color: #0000ff;
94:     border-radius: 50%;
95:     opacity: 0.5;
96: }
```

STEP4　口を作る

　口は、楕円を当てはめるだけです。ぷっくりした口を作ります。

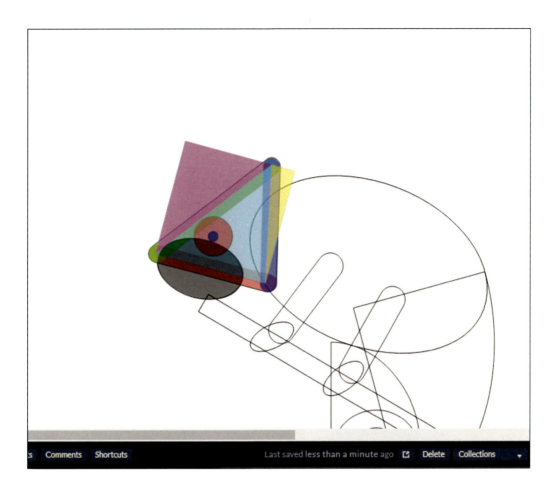

HTML

```
1:    <div class="eye1"></div>
2:    <div class="eye2"></div>
3:  <div class="mouth"></div>
4: </div>
```

CSS

```
98: .mouth {
99:    position: absolute;
100:   width: 68px;
101:   height: 44px;
102:   left: 161px;
103:   top: 152px;
104:   background-color: #000000;
105:   border-radius: 50%;
106:   transform-origin: left top;
107:   transform: rotate(15.75deg);
```

```
108:    opacity: 0.5;
109: }
```

STEP5　体を作る

体も、楕円を当てはめます。大胆に大きく作ります。

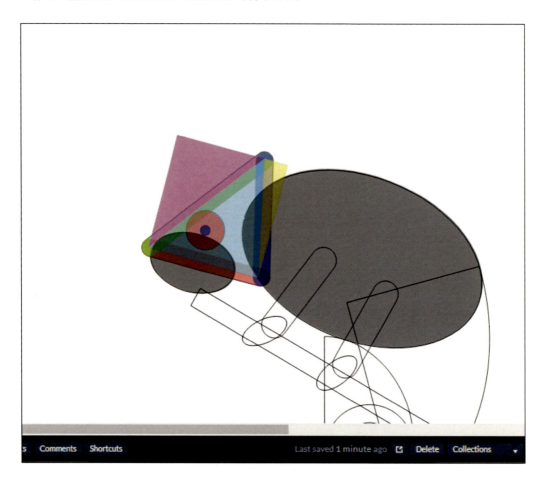

HTML
```
 7:    <div class="eye2"></div>
 8:    <div class="mouth"></div>
 9:    <div class="body"></div>
10: </div>
```

CSS

```
111: .body {
112:     position: absolute;
113:     width: 193px;
114:     height: 126px;
115:     left: 251px;
116:     top: 87px;
117:     background-color: #000000;
118:     border-radius: 50%;
119:     transform-origin: left top;
120:     transform: rotate(20.75deg);
121:     opacity: 0.5;
122: }
```

STEP6　尾を作る（だんだん細くなる）

　尾は、ふたつの部分に分けて作ります。ひとつ目は、尾が細くなっていく部分。ふたつ目は、うず巻きの部分。まずは、尾が細くなっていく部分を作ります。楕円扇形をふたつ組み合わせて、「表示する部分」と「マスクして隠す部分」を重ねます。

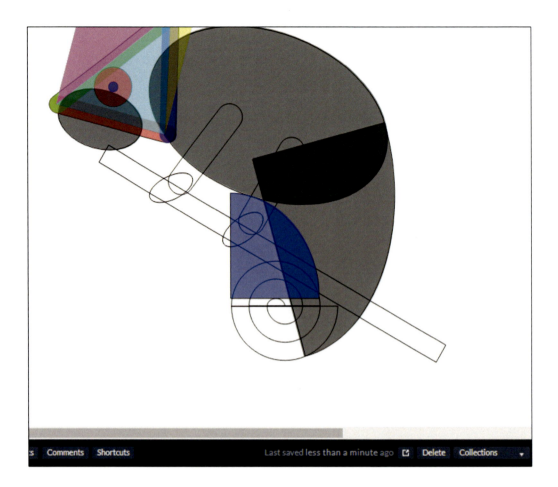

HTML
```
 8:     <div class="mouth"></div>
 9:     <div class="body"></div>
10:     <div class="tail1"></div>
11:     <div class="tail2"></div>
12: </div>
```

CSS
```
124: .tail1 {
125:     position: absolute;
126:     width: 108px;
127:     height: 156px;
128:     left: 307px;
129:     top: 213px;
130:     background-color: #000000;
131:     border-radius: 0 0 100% 0;
132:     transform-origin: left top;
```

```
133:     transform: rotate(-15deg);
134:     opacity: 0.5;
135: }
136: 
137: .tail2 {
138:     position: absolute;
139:     width: 69px;
140:     height: 80px;
141:     left: 290px;
142:     top: 239px;
143:     background-color: #0000ff;
144:     border-radius: 0 100% 0 0;
145:     opacity: 0.5;
146: }
```

STEP7　尾を作る（うず巻き）

　未経験の図形「うず巻き」です。「うず巻き」は、「半円」の半径を徐々に小さくすることで作れます。

　適当に小さくしては、綺麗な「うず巻き」にはなりません。そこで、逆算して、「一番小さい半円」を基準にして、「2～6倍の半円」を作ります。そして、6つの半円を組み合わせて「うず巻き」にします。

　コツは、「全体を白枠」にしておいて、「border-top-style: none」を指定する部分です。これは「半円同士の接合部のborderを消す」という意味で、隙間のない仕上がりのために必要です。

　また、「一番大きい半円」だけ、外枠の線を黒に指定し、少し右寄りに配置することで、キレイな「うず巻き」に仕上がります。

HTML
```
10:     <div class="tail1"></div>
11:     <div class="tail2"></div>
12:     <div class="spiral spiral2"></div>
13:     <div class="spiral spiral4"></div>
14:     <div class="spiral spiral6"></div>
15:     <div class="spiral spiral1"></div>
16:     <div class="spiral spiral3"></div>
17:     <div class="spiral spiral5"></div>
18: </div>
```

CSS
```
148: .spiral {
149:     position: absolute;
150:     border: solid 1px #ffffff;
151:     border-top-style: none;
152:     border-radius: 0 0 50% 50% / 0 0 100% 100%;
```

```css
153:     transform-origin: left top;
154:     opacity: 0.5;
155: }
156:
157: .spiral1 {
158:     width: 83px;
159:     height: 42px;
160:     left: 290px;
161:     top: 325px;
162:     background-color: #000000;
163:     border: solid 1px #000000;
164: }
165:
166: .spiral2 {
167:     width: 70px;
168:     height: 35px;
169:     left: 289px;
170:     top: 325px;
171:     background-color: #000000;
172:     transform: scale(1, -1);
173: }
174:
175: .spiral3 {
176:     width: 56px;
177:     height: 28px;
178:     left: 303px;
179:     top: 325px;
180:     background-color: #000000;
181: }
182:
183: .spiral4 {
184:     width: 42px;
185:     height: 21px;
186:     left: 303px;
187:     top: 325px;
188:     background-color: #000000;
189:     transform: scale(1, -1);
190: }
191:
192: .spiral5 {
193:     width: 28px;
```

```
194:     height: 14px;
195:     left: 318px;
196:     top: 325px;
197:     background-color: #000000;
198: }
199:
200: .spiral6 {
201:     width: 14px;
202:     height: 7px;
203:     left: 318px;
204:     top: 325px;
205:     background-color: #000000;
206:     transform: scale(1, -1);
207: }
```

STEP8　枝を作る

　枝はシンプルな「長方形」です。長さと太さと、角度の調整をしっかり行います。ここだけイレギュラーに「黒枠白背景」の部品です。ちょっとだけ注意して作ります。

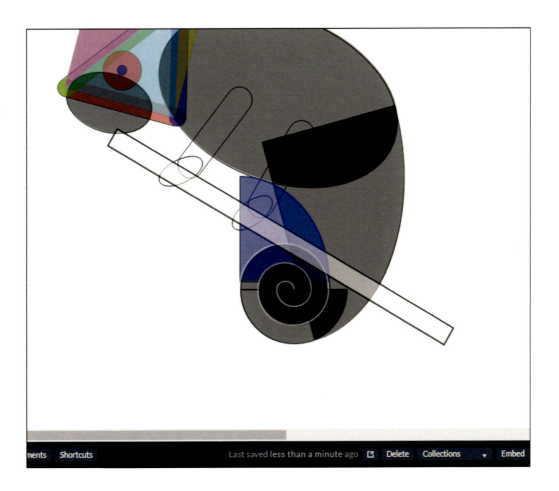

HTML
```
16:     <div class="spiral spiral3"></div>
17:     <div class="spiral spiral5"></div>
18:     <div class="branch"></div>
19: </div>
```

CSS
```
209: .branch {
210:     position: absolute;
211:     width: 306px;
212:     height: 16px;
213:     left: 193px;
214:     top: 202px;
215:     background-color: #ffffff;
216:     border: solid 1px #000000;
217:     transform-origin: left top;
218:     transform: rotate(30deg);
```

```
219:    opacity: 0.5;
220: }
```

STEP9　手足を作る

　枝ができたので、手足をつけます。「魚肉ソーセージ」に形を整えた「角丸長方形」と「楕円」で作ります。

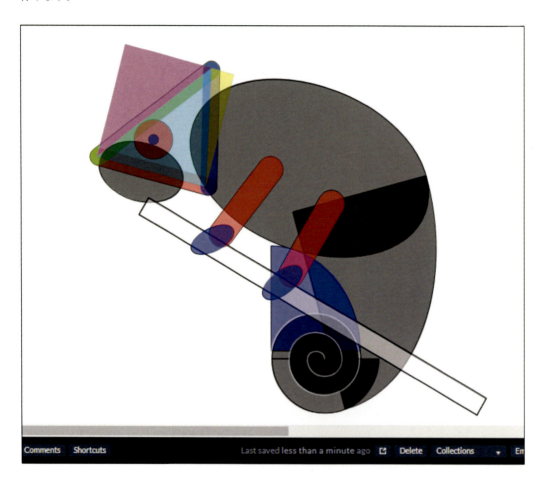

HTML
```
17:    <div class="spiral spiral5"></div>
18:    <div class="branch"></div>
19:    <div class="leg leg1"></div>
20:    <div class="leg leg2"></div>
21:    <div class="instep instep1"></div>
22:    <div class="instep instep2"></div>
23: </div>
```

CSS

```css
222: .leg {
223:     position: absolute;
224:     width: 20px;
225:     height: 82px;
226:     background-color: #ff0000;
227:     border-radius: 10px;
228:     transform-origin: left top;
229:     opacity: 0.5;
230: }
231:
232: .leg1 {
233:     left: 288px;
234:     top: 167px;
235:     transform: rotate(38deg);
236: }
237:
238: .leg2 {
239:     left: 333px;
240:     top: 193px;
241:     transform: rotate(30deg);
242: }
243:
244: .instep {
245:     position: absolute;
246:     width: 37px;
247:     height: 18px;
248:     background-color: #0000ff;
249:     border-radius: 50%;
250:     transform-origin: left top;
251:     opacity: 0.5;
252: }
253:
254: .instep1 {
255:     left: 223px;
256:     top: 234px;
257:     transform: rotate(-26deg);
258: }
259:
260: .instep2 {
261:     left: 279px;
```

```
262:    top: 271px;
263:    transform: rotate(-37deg);
264: }
```

STEP10　仕上げ

　残す部分の背景色をブラックに、それ以外はtransparentにします。ただし、「白目」と「枝」と「尾のマスク」の部分だけ、ホワイトにします。そしてopacityを削除したら、背景画像を削除します。

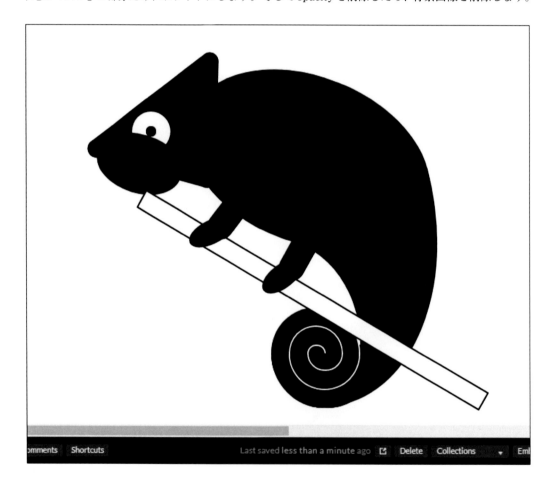

　うーん。結構ブサイクですね。ハミングバードの時もそうでしたが、重なり順の関係で、口が目に被さっています。また「うず巻き」が、枝の奥にあるように見えるので、手前に持ってきます。ということで、各部品の「重なり順」を調整します。前回同様、CSSの「z-index」は使用せずに、HTMLタグの順番だけで修正します。

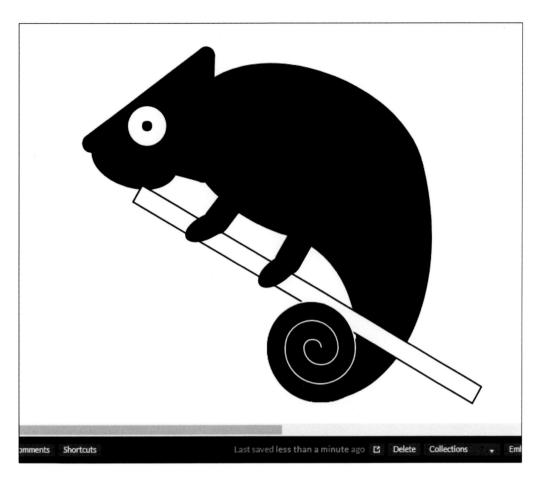

　これで大丈夫です。カメレオンが、手足で枝を握っています。そして尾でも枝に絡みつけて、体を支えています。あとは、scaleを1.0に戻して完了です。

HTML

```
 1: <div class="container">
 2:     <div class="mouth"></div>
 3:     <div class="head1"></div>
 4:     <div class="head2"></div>
 5:     <div class="head3"></div>
 6:     <div class="head4"></div>
 7:     <div class="eye1"></div>
 8:     <div class="eye2"></div>
 9:     <div class="body"></div>
10:     <div class="tail1"></div>
11:     <div class="tail2"></div>
12:     <div class="branch"></div>
13:     <div class="spiral spiral2"></div>
```

第4章　全力で挑むボス戦

```
14:     <div class="spiral spiral4"></div>
15:     <div class="spiral spiral6"></div>
16:     <div class="spiral spiral1"></div>
17:     <div class="spiral spiral3"></div>
18:     <div class="spiral spiral5"></div>
19:     <div class="leg leg1"></div>
20:     <div class="leg leg2"></div>
21:     <div class="instep instep1"></div>
22:     <div class="instep instep2"></div>
23: </div>
```

CSS

```
 1: * {
 2:     margin: 0;
 3:     padding: 0;
 4:     border: 0;
 5:     box-sizing: border-box;
 6: }
 7:
 8: .container {
 9:     position: relative;
10:     height: 100vh;
11:     transform-origin: left top;
12:     transform: scale(1.0);
13: }
14:
15: .head1 {
16:     position: absolute;
17:     width: 103px;
18:     height: 13px;
19:     left: 149px;
20:     top: 163px;
21:     background-color: #000000;
22:     border-radius: 7px;
23:     transform-origin: left top;
24:     transform: rotate(14.5deg);
25: }
26:
27: .head2 {
28:     position: absolute;
29:     width: 124px;
```

```
30:     height: 13px;
31:     left: 144px;
32:     top: 170px;
33:     background-color: #000000;
34:     border-radius: 7px;
35:     transform-origin: left top;
36:     transform: rotate(-36.5deg);
37: }
38:
39: .head3 {
40:     position: absolute;
41:     width: 102.5px;
42:     height: 13px;
43:     left: 249.5px;
44:     top: 98.5px;
45:     background-color: #000000;
46:     border-radius: 7px;
47:     transform-origin: left top;
48:     transform: rotate(91.5deg);
49: }
50:
51: .head4 {
52:     position: absolute;
53:     width: 89px;
54:     height: 89px;
55:     left: 176px;
56:     top: 86px;
57:     background-color: transparent;
58:     border-left: solid transparent 70px;
59:     border-bottom: solid #000000 89px;
60:     border-right: solid transparent 19px;
61:     transform-origin: left top;
62:     transform: rotate(15deg);
63: }
64:
65: .eye1 {
66:     position: absolute;
67:     width: 30px;
68:     height: 30px;
69:     left: 182px;
70:     top: 143px;
```

```
71:     background-color: #ffffff;
72:     border-radius: 50%;
73: }
74:
75: .eye2 {
76:     position: absolute;
77:     width: 8px;
78:     height: 8px;
79:     left: 193.5px;
80:     top: 154px;
81:     background-color: #000000;
82:     border-radius: 50%;
83: }
84:
85: .mouth {
86:     position: absolute;
87:     width: 68px;
88:     height: 44px;
89:     left: 161px;
90:     top: 152px;
91:     background-color: #000000;
92:     border-radius: 50%;
93:     transform-origin: left top;
94:     transform: rotate(15.75deg);
95: }
96:
97: .body {
98:     position: absolute;
99:     width: 193px;
100:    height: 126px;
101:    left: 251px;
102:    top: 87px;
103:    background-color: #000000;
104:    border-radius: 50%;
105:    transform-origin: left top;
106:    transform: rotate(20.75deg);
107: }
108:
109: .tail1 {
110:    position: absolute;
111:    width: 108px;
```

```
112:     height: 156px;
113:     left: 307px;
114:     top: 213px;
115:     background-color: #000000;
116:     border-radius: 0 0 100% 0;
117:     transform-origin: left top;
118:     transform: rotate(-15deg);
119: }
120:
121: .tail2 {
122:     position: absolute;
123:     width: 69px;
124:     height: 80px;
125:     left: 290px;
126:     top: 239px;
127:     background-color: #ffffff;
128:     border-radius: 0 100% 0 0;
129: }
130:
131: .spiral {
132:     position: absolute;
133:     border: solid 1px #ffffff;
134:     border-top-style: none;
135:     border-radius: 0 0 50% 50% / 0 0 100% 100%;
136:     transform-origin: left top;
137: }
138:
139: .spiral1 {
140:     width: 83px;
141:     height: 42px;
142:     left: 290px;
143:     top: 325px;
144:     background-color: #000000;
145:     border: solid 1px #000000;
146: }
147:
148: .spiral2 {
149:     width: 70px;
150:     height: 35px;
151:     left: 289px;
152:     top: 325px;
```

```
153:     background-color: #000000;
154:     transform: scale(1, -1);
155: }
156: 
157: .spiral3 {
158:     width: 56px;
159:     height: 28px;
160:     left: 303px;
161:     top: 325px;
162:     background-color: #000000;
163: }
164: 
165: .spiral4 {
166:     width: 42px;
167:     height: 21px;
168:     left: 303px;
169:     top: 325px;
170:     background-color: #000000;
171:     transform: scale(1, -1);
172: }
173: 
174: .spiral5 {
175:     width: 28px;
176:     height: 14px;
177:     left: 318px;
178:     top: 325px;
179:     background-color: #000000;
180: }
181: 
182: .spiral6 {
183:     width: 14px;
184:     height: 7px;
185:     left: 318px;
186:     top: 325px;
187:     background-color: #000000;
188:     transform: scale(1, -1);
189: }
190: 
191: .branch {
192:     position: absolute;
193:     width: 306px;
```

```
194:     height: 16px;
195:     left: 193px;
196:     top: 202px;
197:     background-color: #ffffff;
198:     border: solid 1px #000000;
199:     transform-origin: left top;
200:     transform: rotate(30deg);
201: }
202:
203: .leg {
204:     position: absolute;
205:     width: 20px;
206:     height: 82px;
207:     background-color: #000000;
208:     border-radius: 10px;
209:     transform-origin: left top;
210: }
211:
212: .leg1 {
213:     left: 288px;
214:     top: 167px;
215:     transform: rotate(38deg);
216: }
217:
218: .leg2 {
219:     left: 333px;
220:     top: 193px;
221:     transform: rotate(30deg);
222: }
223:
224: .instep {
225:     position: absolute;
226:     width: 37px;
227:     height: 18px;
228:     background-color: #000000;
229:     border-radius: 50%;
230:     transform-origin: left top;
231: }
232:
233: .instep1 {
234:     left: 223px;
```

```
235:    top: 234px;
236:    transform: rotate(-26deg);
237: }
238:
239: .instep2 {
240:    left: 279px;
241:    top: 271px;
242:    transform: rotate(-37deg);
243: }
```

クリア　召喚獣[カメレオン]を獲得!!

　やりました！陸のボス戦をクリアしましたね。「角丸三角形」や「うず巻き」などの難しい図形も、想像力を働かせれば何とかなるものですね。これで、3体のボスをすべてクリアしたことになります。

あとがき

　この本をお読みいただき、ありがとうございます。最後のボス戦3体は、底本にはなかった追加コンテンツです。元々、ボス戦を作ろうと思っていたのですが、イベントの締め切りに間に合わず、泣く泣くカットされた内容でした。そのボス戦を無事に掲載できて、うれしく思います。

謝辞

　今回、商業化のチャンスをくださったインプレスR&Dの山城さん、素敵な表紙を描いてくださった湊川あいさん、関係者の皆様に、この場を借りて深く感謝申し上げます。